新型职业农民培养系列教材

食品安全与检验技术

杨翠峰 主编

中国农业出版社

内容提要

　　本教材概述了与食品安全有关的科学知识，突出基础理论与实际应用相结合，从不同角度对食品安全与检验的问题进行了较为详尽的阐述。本教材共五个单元，单元一为食品安全简介及其相关概念，以及国内外食品安全的现状，我国食品安全问题的主要原因及对策等问题。单元二主要介绍了食品污染的分类、危害以及污染途径；食物中毒的概念及分类，中毒的特点及急救措施，引起食物中毒各种因素的性质、中毒症状及预防措施，以及日常生活中易中毒食物的中毒症状、预防措施。单元三主要介绍了食品添加剂的概念、分类，作用及使用原则，以及各种食品添加剂的性质、作用机理、安全性及应用。单元四主要介绍了食品安全卫生问题和安全选购的知识，并对食品安全的典型案例进行了分析。单元五主要介绍了食品安全检验的基础知识及检验的有关技术。

　　本教材基于食品安全教学"实用性"的要求，采用"单元归类、项目引领、任务驱动"教学模式，深入浅出，并配以案例分析，从日常生活中常见的食品安全问题出发，力求简明、实用。教师可根据实际教学情况和学生的学习情况，灵活安排课堂讨论或实训，以便开展有针对性的教学工作，也有利于激发学生的学习兴趣，从而取得良好的教学效果。

　　本教材既可作为农业类中职学校实用科技人才学历教育的专用教材，也可作为在职农民学历教育和各类职业学校食品专业师生的教学用书，还可作为从事食品行业工作者的参考用书。

新型职业农民培养系列教材

编 审 委 员 会

出 版 说 明

发展现代农业，已成为农业增效、农村发展和农民增收的关键。提高广大农民的整体素质，培养造就新一代有文化、懂技术、会经营的新型职业农民刻不容缓。没有新农民，就没有新农村；没有农民素质的现代化，就没有农业和农村的现代化。因此，编写一套融合现代农业技术和社会主义新农村建设的新型职业农民培养特色系列教材迫在眉睫，意义重大。

太原生态工程学校（原太原农业学校）以服务现代化农业、建设城镇化农村、培养职业化农民为出发点，组织专业骨干教师编撰完成了这套针对新农村和现代农业建设人才培养的"新型职业农民培养系列教材"，以期加快培养新型职业农民，稳定和壮大现代农业生产经营者队伍，确保国家粮食安全和重要农产品有效供给，推进农村生态文明和农业可持续发展。本系列教材涵盖了种植、养殖、农产品加工等现代农业实用生产技术和新农村建设规划、新农村经济管理、新农村能源利用等社会主义新农村建设相关实务，适用于北方地区，既适合作为中专生学历教育特色教材，又可作为送教下乡、阳光工程、雨露计划等农业科技培训用书，同时也是广大农民致富创业的好帮手、好参谋。

本系列教材共有25册，分两个体系，即现代农业技术体系和社会主义新农村建设体系。在编写中充分体现现代职业教育"五个对接"的理念，主要采用"单元归类、项目引领、任务驱动"的结构模式，设定"学习目标、知识准备、任务实施、能力转化"等环节，由浅入深，循序渐进，直观易懂，科学实用，可操作性强。

我们相信，本系列教材的出版发行，能为新型职业农民培养及现代农业技术的推广与应用积累一些可供借鉴的经验。

因编写时间仓促，不足或错漏在所难免，恳请读者批评指正，以资修订，我们将不胜感激。

编审委员会

前　言

　　"民以食为天"，食品是人们生活的最基本必需品，安全、营养、食欲是食品的基本要素，安全位于首位。然而，随着社会的发展和食品工业的不断进步，各种各样的食品安全问题也逐渐暴露出来。大气污染、土壤污染、水体污染、农业污染、在食品中添加不符合食品安全要求的物质等导致了食品的污染，如果人体摄入这样的食品，就会产生一系列的病理变化，甚至中毒并危及生命。食品安全问题已成为威胁人类健康的主要因素，成为老百姓最担忧的问题。因此，食品安全问题已经成为全世界关注的焦点。

　　为了更好地帮助广大农民朋友掌握食品安全的知识及其检验的方法，我校组织编写了这本《食品安全与检验技术》。本教材既可作为农业类中职学校实用科技人才学历教育的专用教材，也可作为在职农民学历教育和各类职业学校食品专业师生的教学用书，还可作为从事食品行业工作者的参考用书。

　　本教材共五个单元，杨翠峰编写第一单元（食品安全简介）、第二单元（食物中毒与预防）和第三单元（食品添加剂）；陈美娟编写第四单元（食品安全选购）和第五单元（食品安全检验基础及检测技术）。本教材由杨翠峰担任主编并统稿。

　　在本教材编写过程中，参阅了许多国内外教材和专家学者的研究成果，在此谨向各位表示诚挚的感谢！

　　限于编者水平有限，书中不足和疏漏之处在所难免，恳请同行及各位读者批评指正，在此一并感谢。

编者

目　录

单元一

食品安全简介

学习目标

了解食品安全及其相关概念、国内外食品安全的现状以及我国食品安全问题的主要原因及对策。

项目一　食品安全概述

"民以食为天"，食品是人们生活的最基本必需品，安全、营养、食欲是食品的基本要素，而安全位于首位。《中华人民共和国食品安全法》第99条对"食品"的定义如下："食品，指各种供人食用或者饮用的成品和原料以及按照传统既是食品又是药品的物品，但是不包括以治疗为目的的物品。"食品应当无毒、无害，符合应有的营养要求，具有相应的色、香、味等感官性状。

随着社会的发展和食品工业的不断进步，各种各样的食品安全问题也逐渐暴露出来。大气污染、土壤污染、水体污染、农业污染、在食品中添加不符合食品安全要求的物质等导致了食品的污染，如果人体摄入这样的食品，就会产生一系列的病理变化，甚至中毒并危及生命。

食品安全问题已成为威胁人类健康的主要因素，成为老百姓最担忧的问题。因此，食品安全问题已经成为全世界关注的焦点。

模块一　食品安全与市场准入

一、食品安全的基本概念

从狭义角度，食品安全是指食品无毒、无害，符合应有的营养要求，对人体健康不造成任何急性、亚急性或者慢性危害。根据世界卫生组织的定义，食品安全是"食物中有毒、有害物质对人体健康影响的公共卫生问题"。食品安全学是一门专门探讨在食品加工、存储、销售等过程中确保食品卫生及食用安全，降低疾病隐患，防范食物中毒的一门学科。

从广义角度，食品安全包含了三层意思：一是指食品数量安全，即一个国家或地区生产的食品应该能满足人民基本生存所需的膳食需要。要求人们既能买得到又能买得起生存生活所需要的基本食品。二是指食品质量安全，即一个国家或地区提供的食品在营养、卫生方面满足和保障人群的健康需要，食品质量安全涉及食品的污染、是否有毒，添加剂是否违规超标、标签是否规范等问题，需要在食品受到污染之前采取措施，预防食品的污染和主要危害因素的侵袭。三是指食品可持续安全，即一个国家或地区要注重生态环境的良好保护和资源利用的可持续，以满足对食品的长期持续获取的需要。

本教材主要针对食品质量安全进行阐述与分析。

二、食品质量安全市场准入制度

为保证食品的质量安全，我国从实际情况出发，实行食品质量安全市场准入制度。

（一）食品质量安全市场准入制度概述

食品质量安全市场准入制度，是指为保证食品的质量安全，具备规定条件的生产者才允许进行生产经营活动，具备规定条件的食品才允许生产销售的监管制度。因此，实行食品质量安全市场准入制度是一种政府行为、一项行政许可制度。它具体通过政府有关部门对市场主体的登记、发放许可证和执照等方式来体现。

根据《加强食品质量安全监督管理工作实施意见》规定："凡在中华人民共和国境内从事食品生产加工的公民、法人或其他组织，必须具备保证食品质量的必备条件，按规定程序获得食品生产许可证，生产加工的食品必须经检验合格并加贴（印）食品市场准入标志后，方可出厂销售。进出口食品的管理按照国家有关进出口商品监督管理规定执行。"

（二）食品质量安全

"QS"标志是市场准入标志（图1-1），获得食品生产许可证的企业，其生产加工的食品经出厂检验合格的，

图 1-1　QS（食品质量安全市场准入标志）

在出厂销售之前，必须在最小销售单元的食品包装上标注由国家统一制定的食品生产许可证编号并加贴（印）"QS"标志，未经检验合格并加贴（印）"QS"标志的食品一律不准进入市场销售。从2011年12月1日起，所有出厂食品的标签中"QS"标志要一律使用"生产许可"字样。使用时可根据需要按比例放大或缩小，但不得变形、变色。加贴（印）有"QS"标志的食品，即意味着该食品符合质量安全的基本要求。

模块二 无公害食品

一、无公害食品的定义

无公害食品指的是无污染、无毒害、安全优质的食品，在国外被称为无污染食品、生态食品、自然食品。无公害食品生产地环境清洁，按规定的技术操作规程生产，将有害物质控制在规定的标准内，并通过部门授权审定批准，可以使用无公害食品标志的食品。

无公害食品注重产品的安全质量，其标准要求不是很高，涉及的内容也不是很多，适合我国当前的农业生产发展水平和国内消费者的需求，对于多数生产者来说，达到这一要求并不难。严格来讲，无公害是食品的一种基本要求，普通食品都应达到这一要求。当代农产品生产需要由普通食品发展到无公害食品，再发展到绿色食品或有机食品，绿色食品介于无公害食品和有机食品之间，无公害食品是绿色食品发展的初级阶段，有机食品是质量更高的绿色食品。

在现实的自然环境和技术条件下，很难生产出完全不受有害物质污染的商品蔬菜。无公害蔬菜，实际是指商品蔬菜中不含有相关规定中不允许的有害物质，并将某些有害物质控制在标准允许的范围内，保证人们的食菜安全。通俗地说，无公害蔬菜应达到"优质、卫生"。"优质"指的是品质好、外观美，维生素C和可溶性糖含量高，符合商品营养要求。"卫生"指的是3个不超标，即农药残留不超标，不含禁用的剧毒农药，其他农药残留不超过标准允许量；硝酸盐含量不超标，一般控制在432mg/kg以下；工业"三废"（废水、废气、废渣）和病原微生物等对商品蔬菜造成危害的有害物质含量不超标。

二、无公害食品的特征

无公害食品一般具有安全性、优质性和高附加值三个明显特征：

（一）安全性

无公害食品一般严格参照国家标准，执行各省市地方标准，具体有生产全程监控、实行归口专项管理、实行抽查复查和标志有效期制度三个保证体系来严格把关，发现问题及时处理、纠正。

（二）优质性

由于无公害农产品（食品）在初级生产阶段严格控制化肥、农药用量，禁用高毒、高残留农药，使用生物肥药、具有环保认证标志肥药及有机肥，严格控制农用水质（要达到Ⅲ类以上水质），因此生产的食品无异味、口感好、色泽鲜艳，也无有毒、有害添加成分。

（三）高附加值

无公害食品是由各省市农业环境监测机构认定的标志产品，在各省市内具有较大影响力，价格较同类产品高。

三、无公害食品的标志

无公害农产品标志图案（图1-2）主要由麦　图1-2　无公害食品标志图案
穗、对钩和无公害农产品字样组成，麦穗代表农产品，对钩表示合格，金色寓意为成熟和丰收，绿色象征着环保和安全。

模块三　绿色食品

一、绿色食品的定义

绿色食品是指在无污染的生态环境中种植及全过程标准化生产或加工的农产品，严格控制其有毒有害物质含量，使之符合国家健康安全食品标准，并经专门机构认定，许可使用绿色食品标志的食品。

无污染是指在绿色食品生产、加工过程中，通过严密监测、控制，防范农药残留、放射性物质、重金属、有害细菌等对食品生产各个环节的污染，以确保绿色食品的洁净。

绿色食品在中国是对无污染的安全、优质、营养类食品的总称。绿色食品是从无公害食品向有机食品发展的一种过渡性产品。

二、绿色食品的分类

绿色食品分为A级绿色食品和AA级绿色食品两种。

A级绿色食品，系指在生态环境质量符合规定标准的产地，生产过程中允许限量使用限定的化学合成物质，按特定的生产操作规程生产、加工，产品质量及包装经检测、检查符合特定标准，并经专门机构认定，许可使用A级绿色食品标志的产品。

AA 级绿色食品（等同有机食品），系指在生态环境质量符合规定标准的产地，生产过程中禁止使用任何有害化学合成物质，按特定的生产操作规程生产、加工，产品质量及包装经检测、检查符合特定标准，并经专门机构认定，许可使用 AA 级绿色食品标志的产品。

三、绿色食品的标志

绿色食品标志由 A 级绿色食品标志（图 1-3）和 AA 级绿色食品标志（图 1-4）组成。

图 1-3　A 级绿色食品标志

绿色食品标志图形由三部分构成：上方的太阳、下方的叶片和中间的蓓蕾，象征自然生态。标志图形为正圆形，意为保护、安全。颜色为绿色，象征生命、农业、环保。A 级绿色食品标志与字体为白色，底色为绿色；AA 级绿色食品标志与字体为绿色，底色为白色。整个图形描绘了一幅明媚阳光照耀下的和谐生机，告诉人们绿色食品是出自纯净、良好生态环境的安全、无污染食品，能给人们带来蓬勃的生命力。绿色食品标志还提醒人们要保护环境和防止污染，通过改善人与环境的关系来创

图 1-4　AA 级绿色食品标志

造自然界新的和谐。

凡绿色食品的包装必须做到：①"绿色食品的四位一体"，即标志图形、"绿色食品"文字、编号及防伪标签。②A 级绿色食品标志底色为绿色，标志与字体为白色；而 AA 级绿色食品标志底色为白色，标志与字体为绿色。③"产品编号"正后或正下方写上"经中国绿色食品发展中心许可使用绿色食品标志"文字，其英文为"Certified Chinese Green Food Product"。④绿色食品包装标签应符合国家《食品标签通用标准》GB 7718—94。标准中规定食品标签上必须标注以下几个方面的内容：食品名称；配料表；净含量及固形物含量；制造者、销售者的名称和地址；日期标志（生产日期、保质期）和储藏指南；质量（品质等级）；产品标准号；特殊标注内容。

模块四　有机食品

一、有机食品的定义

有机食品是指来自有机农业生产体系，根据有机农业生产的规范生产加工，并经独立的认证机构认证的农产品及其加工产品等。

有机食品对生产环境和品质控制的要求非常严格，是更高标准的安全食品。目前，在我国产量还非常少。

二、有机食品的主要品种

目前经认证的有机食品主要包括一般的有机农产品（如粮食、水果、蔬菜等）、有机茶产品、有机食用菌产品、有机畜禽产品、有机水产品、有机蜂产品、有机奶粉、采集的野生产品及用上述产品为原料的加工产品。国内市场销售的有机食品主要是蔬菜、大米、茶叶、蜂蜜、羊奶粉等。

三、有机食品的判断标准

（1）原料来自有机农业生产体系或野生天然产品。

（2）有机食品在生产和加工过程中必须严格遵循有机食品生产、采集、加工、包装、储藏、运输标准，禁止使用化学合成的农药、化肥、激素、抗生素、食品添加剂等，禁止使用基因工程技术及该技术的产物及其衍生物。

（3）有机食品生产和加工过程中必须建立严格的质量管理体系、生产过程控制体系和追踪体系，因此一般需要一个转换期；这个转换期需 2～3 年，才能被批准为有机食品。

（4）有机食品必须通过合法的有机食品认证机构的认证。

四、有机食品的标志

有机食品标志（图 1-5）采用人手和叶片为创意元素。我们可以感觉到两种景象：一是一只手向上持着一片绿叶，寓意着人类对自然和生命的渴望；二是两只手一上一下握在一起，将绿叶拟人化为自然的手，寓意着人类的生存离不开大自然的呵护，人与自然之间需要和谐美好的生存关系。有机食品概念的提出正是这种理念的实际应用。

图 1-5　有机食品标志

模块五　保健食品

一、保健食品的定义

保健食品是指具有特定保健功能或者以补充维生素、矿物质为目的的食品，即适宜于特定人群食用，具有调节机体功能，不以治疗疾病为目的，并且对人体不产生任何急性、亚急性或者慢性危害的食品。

二、保健食品与一般食品的区别

（1）保健（功能）食品含有一定量的功效成分（生理活性物质），能调节人体的机能，具有特定功能（食品的第三功能）；一般食品不强调特定功能（食品的第三功能）。

（2）保健（功能）食品一般有特定的食用范围（特定人群），而一般食品无特定的食用范围。

三、保健（功能）食品与药品的区别

药品是治疗疾病的物质；保健（功能）食品的本质仍然是食品，虽有调节人体某种机能的作用，但它不是人类赖以治疗疾病的物质。对于生理机能正常、想要维护健康或预防某种疾病的人来说，保健（功能）食品是一种营养补充剂。对于生理机能异常的人来说，保健（功能）食品可以调节某种生理机能、强化免疫系统。从科学角度来讲，只有平时注意营养均衡的饮食、形成有规律的生活习惯、进行适时适量的运动、保持开朗的性格，才是健康的根本保证。

四、保健食品的标志

保健食品标志（图 1-6）为天蓝色，呈帽形图案，下有保健食品字样，俗

称"蓝帽子"。下方会标注出该保健食品的批准文号，或者是"国食健字〔年号〕××××号"，或者是"卫食健字〔年号〕××××号"。

卫食健字是我国对保健食品实行法定注册监管以来第一个国产保健食品的批准文号。"卫"代表中华人民共和国卫生部；"食"代表食品，"健"代表保健食品，因为保健食品是食品的一个种类，仍旧属于食品的范畴。

图1-6 保健食品

国食健字G（J）是由国家食品药品监督管理局批准的国产保健食品和进口保健食品的批准文号。"国"代表国家食品药品监督管理局，"G"代表国产，"J"代表进口。

国家工商局和卫生部在发出的通知中规定，在影视、报刊、印刷品、店堂、户外广告等可视广告中，保健食品标志所占面积不得小于全部广告面积的1/36。其中报刊、印刷品广告中的保健食品标志，直径不得小于1cm。

项目二　国内外食品安全概况

一、国际食品安全现状

近年来，国际上食品安全恶性事件不断发生。

自1996年6月从日本多所小学发生集体食物中毒事件而发现元凶为"O—157"大肠杆菌以来，日本全国至当年8月患者已达9 000多人。其中7人死亡，数百人住院治疗。"O—157"是一种长约2×10^{-3}mm、宽约1×10^{-3}mm的杆菌。"O"是德语对这种细菌称谓的第一个字母。大肠杆菌因其抗原抗体反应不同，截至目前被分为173种。"O—157"于1982年被美国科学家定为第157种而得名。感染上"O—157"大肠杆菌的患者往往都伴有剧烈的腹痛、高烧和血痢。病情严重者并发溶血性尿毒症症候群（HUS）和脑炎，危及生命。"O—157"引起的食物中毒事件近年来不仅在日本，而且在美国以及欧洲、澳洲、非洲等地也发生过。据美国疾病控制和预防中心估计，"O—157"在美国每年可造成2万人生病，250～500人死亡。

1999年，比利时、荷兰、法国、德国相继发生因二噁英污染导致畜禽类产品及乳制品含高浓度二噁英的事件。二噁英是一种有毒的含氯化合物，是目前世界已知的有毒化合物中毒性最强的。它的致癌性极强，还可引起严重的皮肤病等。比利时发生的二噁英污染事件不仅造成了比利时的动物性食品被禁止上市并大量销毁，而且导致世界各国禁止其动物性产品的进口，这一事件造成的直接经济损失达 3.55 亿欧元，如果加上与此关联的食品工业，据估计其经济损失达 13 亿欧元。

2011 年年初，相继在鸡蛋、猪肉和鸡肉等食品内发现致癌的二噁英，食品安全问题引发德国上下不安，一向以严谨著称的德国，陷入了一场食品安全危机。为了发泄愤怒的情绪，数万德国民众走上街头，举行大规模示威，要求政府采取措施，严格食品安全监管。由二噁英引发的德国食品安全事件尚未完全平息，2011 年 5 月，又爆发了由肠出血性大肠杆菌引发的食品安全危机。肠出血性大肠杆菌不仅造成德国北部医院人满为患，仅汉堡医院就有 3 496 名病人被诊断为感染肠出血性大肠杆菌，其中 852 人发展为溶血性尿毒症，肾脏受到损害。这场疫情最终导致德国范围内 50 人死亡，德国范围以外的欧洲地区也发现了 76 名患者。

美国是世界上食品安全管理最严格的国家，但食品安全问题近年来也频频发生，食物中毒事件呈上升趋势。如 2006 年的"毒菠菜事件"、2008 年的"沙门氏菌事件"、2009 年的"花生酱事件"和 2010 年的"沙门氏菌污染鸡蛋事件"。继 2011 年美国科罗拉多州甜瓜染李斯特菌致病致死事件之后，2012 年 8 月，美国印第安纳州西南部又发生甜瓜染菌致病致死事件。美国疾病控制与预防中心的消息称，全美有 20 个州发现了沙门氏菌感染病例，患者年龄从小于 1 岁到 92 岁不等。其中有两名患者死亡，另有 141 人出现不适症状，其中 31 人被送往医院救治。据统计，美国平均每年发生的食品安全事件达 350 宗之多，比 20 世纪 90 年代初增加了 100 多宗。美国疾病控制与预防中心发表的研究报告称，美国蔬菜、水果农药残留现象普遍，每年约有 5 000 万人因为进食了被污染的食品而染病，这相当于每 6 个美国人中约有 1 人受被污染食物之害。此外，美国每年因食品中毒而住院的人数大约有 12.8 万人，其中 3 000 人死亡。在过去 15 年里，因沙门氏菌而造成的食品污染事件上升了 10%。这些数字表明，美国食品污染现象仍然十分普遍，尚需下大力气监管和治理。

2002 年 4 月，瑞典斯德哥尔摩大学的科学家发布一项研究报告中指出，包括炸薯条在内的多种油炸淀粉类食品中含有致癌物质丙烯酰胺。这份报告指出，1kg 炸薯片的丙烯酰胺含量是 1 000μg，炸薯条的含量是 400μg，而蛋糕和饼干中的含量则为 280μg。丙烯酰胺这种物质人们并不陌生，在诸如塑料和染料等许多材料中都有使用。动物试验证明它有致癌危险，但 2002 年以来的多项研究却又陆续证实，在对马铃薯等含有淀粉的食品进行烤、炸、煎的过程中也会自然产生丙烯酰胺，这就逐渐掀起了一场新的食品安全风波。

2013 年 1 月 24 日，新西兰官方宣布，在恒天然生产的部分乳制品样本中检出微量有毒物质双氰胺残留，新西兰政府已经下令禁止含有双氰胺的奶制品销售和出口。据《新西兰先驱报》报道称，新西兰乳品巨头恒天然在对2012年9月产100个样本的检测中发现，有10份全脂奶粉、脱脂奶粉及部分奶酪粉中存在"极微量"双氰胺残留。

2013年2月，欧洲人谈论最多的就是"马肉丑闻"。法国相关部门最终将风波的元凶锁定为法国西南部的一家肉类加工公司。据报道，目前德国多家大型连锁超市的部分产品已经下架。2月15日，英国食品标准局首次公布了有关抽样结果，在2501例牛肉检测样本中，发现有29例含有至少1％的马肉。挪威最大食品零售巨头"挪威集团"于2月15日宣布，在其进口的冷冻牛肉肉饼中发现60％的肉为马肉，而不是标签上标明的牛肉。

二、我国食品安全现状

目前，我国食品安全状况不容乐观，食品安全事件时有发生。

2008年我国发生奶制品污染事件（三聚氰胺事件）。很多食用三鹿集团生产的奶粉的婴儿被发现患有肾结石，随后在其奶粉中发现化工原料三聚氰胺。根据公布的数字，截至2008年9月21日，因食用三鹿婴幼儿奶粉而接受门诊治疗咨询且已康复的婴幼儿累计39 965人，正在住院的有12 892人，此前已治愈出院1 579人，死亡4人，另截至9月25日，香港有5人、澳门有1人确诊患病。事件引起各国的高度关注和对乳制品安全的担忧。我国国家质检总局公布对国内的乳制品厂家生产的婴幼儿奶粉的三聚氰胺检验报告后，事件迅速恶化，包括伊利、蒙牛、光明、圣元及雅士利在内的多个厂家的奶粉都检出三聚氰胺。

2005年3月4日，北京有关方面检测出亨氏中国某批号的辣椒酱中含有"苏丹红1号"。3月9日，浙江省工商局发布消费警示，浙江已经发现三种食品里含有"苏丹红"。从广东到河南，"苏丹红"的踪迹开始逐步显露，很多是在辣椒酱、酱菜等小食品中添加"苏丹红"作为色素。3月15日，著名连锁快餐品牌肯德基的两个品种"新奥尔良烤翅"和"新奥尔良烤鸡腿堡"调料在检查中被发现含有"苏丹红1号"成分。3月16日，这两种产品在国内所有肯德基餐厅内全部停售。3月18日，北京市有关部门在食品专项执法检查中，从朝阳区某肯德基餐厅抽取的原料"辣腌泡粉"中检出"苏丹红1号"，这种"辣腌泡粉"用于"香辣鸡腿堡""辣鸡翅""劲爆鸡米花"3种产品，加上"新奥尔良烤翅"和"新奥尔良烤鸡腿堡"，肯德基已有5种产品检出"苏丹红"被停售。

2002年中国消费者协会发布第4号消费警示：一些地方发现添加"吊白块"的绵白糖、冰糖和红糖，提请消费者尽可能购买知名品牌的糖酒公司的产品；2002 年 3 月 15 日，河南濮阳对我国第一起因为"吊白块"加入米线而被立案的刑事案件做出了一审判决。10 名被告人被法院判定生产、销售有毒、有害食品罪罪名成立，并分别被判处 10 个月到 4 年半的有期徒刑，处罚金 5 000 元到 20 万元不等。而 2007 年 9 月苏州市在市场上销售的腐竹中又检测出了"吊白块"。

2004 年 10 月，央视《每周质量报告》揭露"头发酱油"危害人体健康事件，头发被用来制成氨基酸液，即俗称的"毛发水"，主要用于工业方面。国家对于酱油等调料中氨基酸含量有着严格的标准，这些氨基酸本应该通过豆制品、粮食作物等发酵来生成，但一些黑心老板为了让调料中氨基酸的含量达标，甚至将其用于酱油等食用调料的生产。这种酱油会产生致癌物质，虽然国家三令五申禁止生产，但是一些黑心商贩利欲熏心，依然用这些用头发加工成的廉价氨基酸来生产含有致癌物质的"头发酱油"。河北、山东、沈阳等地理发店的头发绝大部分会被收购，不法厂家用这些头发生产氨基酸液，这些氨基酸液是经盐酸水解和化学试剂萃取生成的胱氨酸被逐步提取后剩余的残留废液，其中含有砷、铅、氯丙醇等有害物质，在配制酱油时加入酱色后，销往全国。

2004 年上半年，阜阳"大头娃娃"事件引起国内外的高度关注，同时揭开了国内劣质奶粉的生产和销售罪恶，挽救了无数婴儿的生命。一度泛滥安徽阜阳农村市场、由全国各地无良商人制造的"无营养"劣质婴儿奶粉，食用的婴儿头大，嘴小，浮肿，低热，严重的甚至出现死亡。这种奶粉已经残害婴儿数百名，给本来欢乐幸福的家庭带来了很大的打击，罪魁祸首竟是本应为他们提供充足"营养"的奶粉。

■ 复习与思考

1. 名词解释

食品安全　无公害食品　绿色食品　有机食品　保健食品

2. 在实际生活中，你是否遇到过食品安全问题？谈一谈你对当前社会食品安全问题的看法。

单 元 二

食物中毒与预防

掌握食品污染及其预防的基本知识，了解食物中毒的概念及分类，引起食物中毒的各种因素的性质及中毒症状，日常生活中易中毒食物的中毒症状，掌握食物中毒的特点与急救措施及中毒的预防措施。

项目一 食品污染及其预防

模块一 食品污染概述

一、食品污染的定义

食物从原料种植、饲养、捕捞，以及食品在加工、生产、运输、储存和销售到食用的各个环节，因农药、废水、污水、各种食品添加剂及病虫害和家畜疫病，以及霉菌毒素引起的食品霉变，运输、包装材料中有毒物质和多氯联苯、苯并芘等都可能使一些有毒有害物质进入食品中，从而对人体造成危害或影响身体健康，这一过程称为食品污染。这些进入食品的有毒有害物质，称为污染物。

二、食品污染分类

食品污染根据污染物的性质可分为以下三类：

（一）生物性污染

食品的生物性污染包括有害微生物及其毒素污染、寄生虫及其虫卵和昆虫的污染。微生物污染主要有细菌及其毒素、霉菌及其毒素以及病毒等污染。寄生虫污染主要有蛔虫、绦虫、旋毛虫等污染。昆虫污染主要有螨虫、蛾类、蝇类、害虫等污染。微生物污染危害较大。

（二）化学性污染

食品的化学性污染是由有害有毒的化学物质污染食品引起的。主要包括金属毒物污染，如汞、镉、铅、砷等；农药污染，如有机磷、有机氯、除虫菊酯等；食品加工过程中产生的污染物，如亚硝酸盐、亚硝胺、苯并芘、醇类、醛类等；掺假过程中加入的污染物质，如苏丹红、三聚氰胺、吊白块等。

（三）物理性污染

食品的物理性污染通常指食品生产加工过程中的杂质超过规定的含量，或食品吸附、吸收外来的放射性核素所引起的食品质量安全问题。例如，粮油加工（小麦粉、大米、大豆、油脂等）生产过程中，混入磁性金属物，就属于物理性污染。另外，天然放射性物质在自然界中分布很广，它存在于矿石、土壤、天然水、大气及动植物的所有组织中，特别是鱼类、贝类等水产品对某些放射性核素（如 137 铯和 90 锶等）有很强的富集作用，使该类食品中放射性核素的含量可能显著地超过周围环境中存在的该放射性核素的含量。

三、食品污染的途径

（一）原辅材料污染

在种植、养殖过程中化肥、农药、植物激素、抗生素、动物激素的广泛使用和使用不当；使用不符合卫生要求的食品添加剂；工业"三废"污染农作物和周围水系，通过食物链污染食物等。

（二）生产加工过程中污染

容器、用具、管道未清洗干净或使用不当；生产工艺不合理；个人卫生及环境卫生不良均可造成食品的微生物污染。比如，致病菌、寄生虫等主要来自病人、带菌者和病畜、病禽等，致病菌及其毒素可通过空气、土壤、水、食具、患者的手或排泄物来污染食品。

（三）包装、储运、销售中污染

食品包装材料不符合食品卫生要求；由于交通运输工具不洁可造成污染；食品储存条件不卫生或散装食品及销售过程中所造成的污染。例如，陶瓷中的铅、聚氯乙烯塑料中的氯乙烯单体都有可能转移进入食品。又如，包装蜡纸上的石蜡可能含有苯并（α）芘，彩色油墨和印刷纸张中可能含有多氯联苯，它们都特别容易向富含油脂的食物中移溶。

（四）人为污染

食品中人为掺假，或加入有害人体健康的物质。例如，用工业原料作为食品用原料来生产食品；用工业拔染剂"吊白块"（甲醛合次硫酸氢钠）漂白食品；在牛奶中加"三聚氰胺"等故意造成食品污染。

（五）意外污染

由于火灾、地震、水灾、核泄漏等，也可对食品造成污染。

模块二　食品污染的危害及预防

一、食品污染的危害

（一）急性中毒

人们食用了被污染的食物，或误食了本身有毒的食物，在短时间内会出现临床症状（如急性肠胃炎），造成机体损害，称为急性中毒，又称为食物中毒。引起急性中毒的污染物有细菌及其毒素、霉菌及其毒素和化学毒物。

（二）慢性中毒

慢性中毒是潜隐性危害，是食品污染的更大问题。食物被某些有害物质污染，其含量虽少，但由于长期持续不断地摄入体内并且在体内蓄积，几年、十几年甚至几十年后引起机体损害，表现出各种各样慢性中毒症状，如慢性铅中毒、慢性汞中毒、慢性镉中毒等。由于这种中毒是慢性的、不易察觉，容易让人放松警惕。也正因如此，其危害更大。

（三）致突变作用

所谓突变，是指生物在某些诱变因子作用下，细胞中的遗传物质的结构发生突然的根本的改变，并在细胞分裂过程中遗传给后代细胞，使新的细胞获得新的遗传特性。例如，某些农药可影响正常妊娠或骨髓细胞增殖加快，这种不正常增殖的细胞如果损害（伤）或取代了正常的组织，就可引起致癌，也可导致白血病。这种现象往往在若干代的后代中出现。

污染物随食品进入人体能引起生殖细胞和体细胞的突变，无论其性质如何，均是这种化学物质毒性的一种表现。

（四）致畸作用

某些食品污染物通过孕妇作用于胚胎，使之在发育期中细胞分化和器官形成不能正常进行，出现畸胎，甚至死胎。引起致畸的物质有滴滴涕（DDT）、五氯酚钠、西维因等农药，黄曲霉毒素 B_1 也可致畸。

（五）致癌作用

根据动物试验，已知不少污染食品的化学物质和霉菌毒素在机体内可引起癌肿生长的作用。例如，在肉类加工中使用的发色剂亚硝胺（强致癌物），还有黄曲霉毒素，以及砷、镉、镍、铅等能使动物和人产生肿瘤。

二、食品污染的预防

随着社会的发展，食品污染的因素和机会不断增加，各种有害因素不仅损害人体健康，甚至危及生命及子孙后代，影响民族的兴旺发达。为了保证食品的质量，防止食品污染，确保人民身体健康，必须采取以下有效措施进行管理和预防。

（1）加强食品卫生的监督与管理。制定和完善相关的法律法规；对监督人员进行实时培训，以提高其业务水平；配备必要的仪器设备，加强从原料的采购、加工、包装、储存、销售等各个环节的监督、检测与管理。

（2）加强企业内部管理。制定和完善企业内部相关的规章制度，改善卫生条件，加强卫生监督。

（3）搞好食品安全法制教育和食品安全知识的普及工作，增强全民食品安全意识。

（4）认真做好对企业选址、厂房建设、生产流程、生产设备、上下水与污染物处理等工作，严格进行卫生审查和验收。

（5）在保证农业增产增收的同时，研制一些分解周期短、残留物无毒无害的新型农药，积极推广生物防治等无毒无害的灭虫方法。

（6）积极治理"三废"，不用有毒有害的废水灌溉农田，防止有毒农药和"三废"污染农作物。

（7）积极研制新型无毒、无害的食品添加剂，严惩食品掺杂及伪造假冒者。

项目二 食物中毒基础知识

模块一 食物中毒概述

一、食物中毒的定义

食物中毒通常指食用了含有毒物质或变质的肉类、水产品、蔬菜、植物或有毒化学物质后，感觉肠胃不舒服，甚至出现恶心、呕吐、腹痛、腹泻等症状，共同进餐的人常常出现相同的症状。

二、食物中毒的分类

（一）按病原物质分类

按病原物质可分为以下四类：

（1）细菌性食物中毒。指因摄入被致病菌或其毒素污染的食物引起的急性或亚急性疾病，是食物中毒中最常见的一类。发病率较高，但病死率较低，有明显的季节性，多发于气候炎热的季节，一般5～10月份最多。

（2）有毒动植物中毒。指误食有毒动植物或摄入因加工、烹调方法不当未除去有毒成分的动植物食物引起的中毒。发病率较高，病死率因动植物种类而异。

（3）化学性食物中毒。指误食有毒化学物质或摄入被其污染的食物而引起的中毒，季节性、地区性不明显，发病与进食时间、食用量有关。发病率和病死率均比较高。

（4）真菌毒素和霉变食物中毒。食用被产毒真菌及其毒素污染的食物而引起的急性疾病。真菌和霉菌生长繁殖和产生毒素需要一定的温度和湿度，因此中毒往往有明显的季节性和地区性，发病率较高，病死率因菌种及其毒素种类而异。

（二）按食物中毒病因分类

按食物中毒病因可分为以下三类：

（1）细菌性食物中毒。

（2）自然毒食物中毒（有毒动植物中毒、霉菌毒素中毒等）。

（3）化学性食物中毒。

（三）按污染菌分类

按污染菌可分为以下两类：

（1）细菌性食物中毒。

（2）非细菌性食物中毒（有毒动植物中毒、霉菌毒素中毒、有毒化学物质中毒等）。

三、食物中毒的特点

（1）发病呈暴发性，潜伏期短，来势凶猛，短时间内可能有多数人发病，发病曲线呈突然上升的趋势。

（2）中毒病人一般具有相似的临床症状，多表现出急性胃肠炎症状，如恶心、呕吐、腹痛、腹泻等。

（3）患者在近期内都食用过同样的食物，发病范围有局限性，停止食用该食物后发病很快停止，发病曲线在突然上升之后呈突然下降趋势。

（4）没有人与人之间的传染过程；食物中毒患者对健康人不具有传染性。

四、食物中毒的症状

（1）剧烈的呕吐、腹泻，同时伴有中上腹部疼痛，这是食物中毒者最常见的症状。

（2）严重时因上吐下泻而出现脱水症状，如口干、眼窝下陷、皮肤弹性消失、肢体冰凉、脉搏细弱、血压降低等，甚至可导致休克，危及生命。

模块二　食物中毒的预防与急救

一、食物中毒的预防

（1）日常生活中要饮用符合卫生要求的饮用水。不喝生水或不洁净的水，最好是喝白开水。

（2）警惕误食有毒有害物质引起中毒。比如装有农药或鼠药的容器用后一定要妥善处理，防止误用来喝水或误用而引起中毒。

（3）剩饭菜应彻底加热后再食用。剩饭菜，剩的甜点心、牛奶等都是细菌的良好培养基，不彻底加热会引起细菌性食物中毒。

（4）养成良好的卫生习惯。饭前便后要洗手，否则手上沾有致病菌，再去拿食物，致使被污染的食物进入消化道，就会引发细菌性食物中毒。

（5）选购食品要谨慎，要选择新鲜的和安全的食品。购买食品时，要注意查看其感官性状，是否有腐败变质，要查看其生产日期、保质期，是否有厂名、厂址、QS等标识。

（6）瓜果等可生吃的食品在食用前要彻底清洁。瓜果蔬菜在生长过程中不仅会沾染病菌、病毒、寄生虫卵，还有残留的农药、杀虫剂等，如果不清洗干净，不仅可能染上疾病，还可能引起农药中毒。

（7）不食用霉变食物。霉变的粮食、甘蔗、花生米（粒上有霉点）不可食用，其中的霉菌毒素会引起中毒。

（8）不到没有卫生许可证的小摊贩处购买食物。

（9）提倡体育锻炼，增强机体免疫力，抵御细菌的侵袭。

（10）加强食品安全知识的学习，增强食品安全意识，防患于未然。

二、食物中毒的急救办法

一旦有人出现食物中毒的症状时，千万不要惊慌失措，应冷静地分析发病的原因，针对引起中毒的食物以及吃下去的时间长短，及时采取如下应急措施：

（一）催吐

如果进食的时间在 2h 以内，且无明显呕吐者可用此方法。

方法一：用筷子、手指等刺激舌根部。

方法二：取食盐 20g，加开水 200ml，冷却后一次喝下。如果无效，可多喝几次，迅速促使呕吐。

方法三：用鲜生姜 100g，捣碎取汁用 200ml 温水冲服。

（二）导泻

如果病人进食受污染的食物时间已超过 2h，但精神仍较好者可用此法。

方法一：用大黄 30g 一次煎服。

方法二：用番泻叶 15g，一次煎服或用开水冲服。

（三）解毒

如果是吃了变质的鱼、虾、蟹等引起的食物中毒，可用此法。

方法一：取食醋 100ml，加水 200ml，稀释后一次服下。

方法二：用紫苏 30g，生甘草 10g 一次煎服。

另外，如果是误食了变质的防腐剂或饮料，则要用鲜牛奶或其他含蛋白质的饮料灌服。

如果经上述急救后症状仍未见好转，或中毒较重者，应尽快送往医院治疗。同时要保留导致中毒的食物样本或患者的呕吐物、排泄物，以提供给医院进行检测，以便医生确诊和救治。

项目三　引起食物中毒的因素

模块一　引起食物中毒的微生物因素

一、沙门氏菌

（一）性质

沙门氏菌是沙门氏菌病的病原体，属肠杆菌科，革兰氏阴性肠道杆菌。沙门氏菌是食源性疾病的首要病原菌，广泛发生在家庭、学校、公共餐饮等场所。

沙门氏菌多存在于哺乳类、鸟类、两栖类、爬行类动物的肠道内，也存在于动物的排泄物中。当环境受污染或捕捞后受污染时，沙门氏菌也会进入鱼类、甲壳类和软体动物等水产动物体内。

沙门氏菌生长的最适温度为 35～37℃，最适繁殖温度为 37℃，在 20℃以上即能大量繁殖，最适 pH 为 6.5～7.5。沙门氏菌在水中不易繁殖，但可生存 2～3 周，在冰箱中可生存 3～4 个月，在自然环境的粪便中可存活 1～2 个月。

（二）症状

（1）肠热型（伤寒、副伤寒）。患者首先出现身体发热不适、全身疼痛，此后出现持续高热、相对脉缓、肝脾肿大，外周白细胞下降、皮肤出现玫瑰疹。严重时出现肠局部坏死和溃疡，有出血、穿孔等并发症。

（2）急性胃肠型（食物中毒）。潜伏期 12～14h，患者会突然出现恶心、呕吐、腹痛、腹泻、发热，重者有寒战、惊厥、抽搐与昏迷。

（3）其他类型有霍乱类型、类伤寒型、类感冒型、败血症型。

（三）预防措施

（1）控制沙门氏菌污染源，防止动物生前感染、宰后污染和食品熟后再污染。

（2）加强食品卫生检验，严格把关肉类检疫、加工运输、销售等各个环节，防止食品被沙门氏菌污染。

（3）及时将食品放在 4℃温度下冷藏，防止沙门氏菌繁殖生长。

（4）对受到沙门氏菌污染的食品进行加热灭菌，彻底杀死沙门氏菌。沙门氏菌抵抗力不强，60℃时 30min 或 5％苯酚溶液及 70％乙醇 5min 均可将其杀死。

（5）禁止沙门氏菌病患者和沙门氏菌携带者参与食品加工、运输和销售等。

二、副溶血性弧菌

（一）性质

副溶血性弧菌系弧菌科弧菌属，革兰染色阴性，兼性厌氧菌，其最适生长环境为温度 30～37℃，含盐 2.5％～3％（若盐浓度低于 0.5％则不生长），pH 为 8.0～8.5。副溶血性弧菌需要有盐才能生存，所以它多生存于海洋，在沿海水域中捕捞的鱼、虾、蟹、贝类和海藻等海产品常被检出该菌，含盐分较高的腌制食品，如咸菜、腌肉等也易受此菌污染。副溶血性弧菌的部分菌株可产生耐热性溶血毒素，此毒素可溶解人的血球，对人体产生毒害。

（二）症状

患者表现为急性起病，上腹部阵发性绞痛，并伴有腹泻、恶心、呕吐，体温一般在39℃以下。轻者数小时症状即消失，重者可出现脱水、休克的现象，个别患者还会出现血压下降、面色苍白以及意识不清等症状。

（三）预防措施

（1）注意饮食卫生，彻底加热海产品。此菌对高温抵抗力小，50℃时20min、65℃时5min或80℃时1min即可被杀死。

（2）食用腌制品时，最好拌醋食用。本菌对酸较敏感，当pH＜6时即不能生长，在普通食醋中1～3min即死亡。

（3）防止生熟食物操作时交叉污染。

三、李斯特菌

（一）性质

国际上公认的李斯特菌共有七个菌株，其中单核细胞增生李斯特菌是唯一能引起人类疾病的，是一种人畜共患病的病原菌。它广泛分布于土壤、蔬菜、海水沉积物、水体中，也是某些食物（主要是鲜奶产品、肉类）中的一种污染物，能引起严重的食物中毒。该菌在4℃的环境中仍可生长繁殖，是冷藏食品威胁人类健康的主要病原菌之一。因此，它的最大威胁是来自不需再加热的即食食品。

（二）症状

单增李斯特菌是一种细胞内寄生菌，宿主对它的清除主要靠细胞免疫功能，因此，易感者为新生儿、孕妇、免疫功能缺陷者等。轻则出现发热、肌肉疼痛、恶心、呕吐和腹泻等症状，重则出现身体失衡、痉挛和呼吸急促，甚至昏迷或死亡。孕妇还会导致早产、流产等。

（三）预防措施

（1）在食品加工中，中心温度必须达到70℃持续2min以上。

（2）单增李斯特菌在自然界中广泛存在，所以已经过加热灭菌的食品，很有可能被二次污染，因此蒸煮后防止二次污染是极为重要的。

（3）由于单增李斯特氏菌在4℃下仍然能生长繁殖，所以冰箱食品需充分加热后再食用。

四、致病性大肠杆菌

（一）性质

大肠杆菌广泛分布在自然界，大多数是不致病的，主要附生在人或动物的肠道里，为正常菌群，少数的大肠杆菌具有毒性，可引起疾病，被称为致病性大肠杆菌。该菌对热的抵抗力较其他肠道杆菌强，55℃时 60min 或 60℃时 15min 仍有部分细菌存活。在自然界的水中可存活数周至数月，在温度较低的粪便中存活更久。

（二）症状

（1）肠道炎型。高热、食欲不振、腹痛、腹泻、呕吐，粪便呈水样，伴有黏液，但无脓血。

（2）急性痢疾型。腹泻、腹痛、发热、少有呕吐。

（三）预防措施

（1）如有需要保留吃剩的熟食，应该加以冷藏，并尽快食用。食用前应彻底加热。

（2）保持双手清洁，经常修剪指甲，饭前便后要洗手。

（3）病禽畜含菌率高，必须经高温灭菌后再食用。

（4）防止生熟食品的交叉污染。

（5）熟食要低温保存，食用前最好要加热处理。

五、空肠弯曲菌

（一）性质

空肠弯曲菌是一种人畜共患病病原菌，可以引起人和动物发生多种疾病，并且是一种食源性病原菌，被公认为是导致全世界人类细菌性腹泻的主要原因。空肠弯曲菌是多种动物如牛、羊、狗及禽类的正常寄居菌，存在于动物的生殖道或肠道，故可通过分娩或排泄物污染食物和饮用水。空肠弯曲菌抵抗力不强，易被干燥、直射日光及弱消毒剂所杀灭，56℃时 5min 即可被杀死。

（二）症状

初期有头痛、发热、肌肉酸痛等前驱症状，随后出现腹泻、恶心、呕吐。空肠弯曲菌有时可通过肠黏膜进入血液引起败血症和其他脏器感染，如脑膜炎、关节炎、肾盂肾炎等。孕妇感染本菌可导致流产、早产，还可使新生儿受到感染。

（三）预防措施

空肠弯曲菌最重要的污染源是动物，若想控制动物的感染，防止动物排泄物污染水、食物至关重要。因此做好"三管"，即管水、管粪、管食物乃是防止空肠弯曲菌病传播的有力措施。

六、变形杆菌

(一) 性质

变形杆菌是人和动物的寄生菌和病原菌，广泛分布在自然界中，如土壤、水、垃圾、腐败有机物及人或动物的肠道内。变形杆菌属包括普通变形杆菌、奇异变形杆菌、莫根变形杆菌、雷极变形杆菌和无恒变形杆菌。其中，普通变形杆菌、奇异变形杆菌、莫根变形杆菌能引起变形杆菌食物中毒，无恒变形杆菌能引起婴儿夏季腹泻。

中毒食品主要以动物性食品为主，其次为豆制品和凉拌菜，发病季节多在夏、秋两季，中毒原因为被污染食品在食用前未彻底加热，变形杆菌是我国常见的食物中毒原因之一。

(二) 症状

(1) 急性胃肠炎型。高热、恶心、呕吐、头晕、头痛、乏力并伴有水样大便。

(2) 过敏型。头晕、头痛，面部和上身皮肤潮红，并伴有荨麻疹。

(3) 混合型。头晕、头痛，面部和上身皮肤潮红，有时伴有荨麻疹，血压下降，口渴、喉咙有灼烧感，体温一般不升高。

(三) 预防措施

(1) 不喝生水，生食的瓜果蔬菜要充分洗净。

(2) 防止生熟食品的交叉污染。

(3) 熟食要低温保存，食用前最好要加热处理。

七、志贺氏菌

(一) 性质

志贺氏菌属是革兰氏阴性杆菌，是人类细菌性痢疾最为常见的病原菌，通称痢疾杆菌。可引起急性细菌性疾病（痢疾），常常在人口拥挤和卫生状况较差的地区暴发流行。人体是感染宿主。此菌在 37℃ 水中存活 20d；在冰块中存活 96d；在蝇肠内可存活 9～10d。

(二) 症状

腹泻，伴有发热、恶心，有时候呕吐和痉挛，大便带血、黏液和脓。

(三) 预防措施

(1) 加强食品卫生监督管理，特别是夏季，一定要针对志贺氏菌在熟肉冷荤食品上生长繁殖较快的特点，加强熟肉冷荤食品的监督监测工作。

(2) 消除人类粪便对水源的污染。

(3) 此菌一般直接或间接地从患者或带菌者的粪便等经口传染，食品制作者便后未洗净被污染的手，就会传播细菌，即食物直接受到污染或在制备食物的器皿表面引起污染，所以要加强加工人员个人卫生的监督管理，禁止患者和志贺氏菌携带者进入食品加工场所。

（4）此菌一般 56～60℃时 10min 即被杀死，所以食物要充分加热，煮熟、煮透后再食用。

八、金黄色葡萄球菌

（一）性质

金黄色葡萄球菌隶属于葡萄球菌属，是革兰氏阳性菌的代表，嗜温，最低生长温度为 10℃，最适生长温度为 37℃，耐盐，在含盐 10％～15％环境中易繁殖。在含水量极少的食品（水分活度为 0.86，盐度为 18％）上可生长，产生肠毒素，可引起急性肠胃炎。金黄色葡萄球菌是人类化脓感染中最常见的病原菌，该菌无处不在，广泛分布于水、空气、灰尘、污物、食品加工设备表面，甚至在健康人的鼻腔、口腔、咽喉、皮肤甚至头发中都存在。此菌易于经手或空气污染食品，人畜化脓性感染部位常成为污染源。此菌引起的流行病多发于春、夏两季。

金黄色葡萄球菌可通过以下途径污染食品：食品加工人员、炊事员或销售人员带菌，造成食品污染；食品在加工前本身带菌，或在加工过程中受到了污染，产生了肠毒素，引起食物中毒；熟食制品包装不严，运输过程中受到污染等。

（二）症状

恶心、呕吐、腹部痉挛、水性或血性腹泻和发热。可引起局部化脓感染，也可引起肺炎、伪膜性肠炎、心包炎等，甚至败血症、脓毒症等全身感染。

（三）预防措施

（1）防止带菌人群对各种食物的污染。食品加工人员、炊事员或销售人员要定期进行健康检查；禁止带菌者从事直接食品加工和供应；不要让患有化脓性皮肤病特别是手部患化脓性皮肤病，以及患有乳腺癌、上呼吸道炎症的人从事熟食加工或餐具清洗保洁工作。

（2）加强对健康奶牛乳房的检查，防止金黄色葡萄球菌对奶的污染，禁止病畜禽肉流入市场。

（3）对于容易被金黄色葡萄球菌污染的食品（如沙拉、熟肉制品和冰激凌等），应做到吃多少做多少，最好不剩或剩后立即加热然后迅速冷却，做低温短时间储藏，吃前应加热。

九、肉毒杆菌

(一) 性质

肉毒杆菌也称肉毒梭状芽孢杆菌，是一种生长在缺氧环境下的细菌，在罐头食品及密封腌制食物中具有极强的生存能力。肉毒杆菌是一种致命病菌，在繁殖过程中产生强烈的神经麻痹毒素——肉毒毒素，是毒性最强的毒素之一。肉毒杆菌芽孢具有强耐热性，180℃时 5～15min 才能杀死；肉毒毒素对热极不稳定，80℃时 30min 或 100℃时 10～20min 可完全破坏。

肉毒杆菌广泛分布于土壤、水、蔬菜、肉、奶制品、海洋沉积物、鱼类肠道、蟹、贝类的鳃和内脏等中。

(二) 症状

感染肉毒杆菌时会出现腹泻、呕吐、腹痛、恶心、虚脱，继发为视力重叠、模糊，吞咽困难，严重时呼吸道肌肉麻痹，导致死亡。

(三) 预防措施

(1) 加强食品卫生管理，改进食品加工、调制及储存的方法，改善饮食习惯。

(2) 熟制的肉、鱼及植物食品，应避免受到污染，不应在较高温度下堆放或在缺氧情况下保存，食用时要充分加热。

(3) 常温储存的真空包装食品应采取高压杀菌等措施，抑制肉毒杆菌产生毒素。

十、蜡样芽孢杆菌

(一) 性质

芽孢杆菌属中的一种，革兰氏阳性，兼性好氧菌。生长温度范围为 20～45℃，10℃以下生长缓慢或不生长。50℃时不生长。在 100℃下加热 20min 可破坏这类菌。蜡样芽孢杆菌在自然界中分布广泛，常存在于土壤、灰尘和污水中，植物和许多生熟食品中皆常见。例如肉、乳制品、蔬菜、鱼、马铃薯、酱油、布丁、炒米饭以及各种甜点等。

(二) 症状

感染蜡样芽孢杆菌时会出现恶心、呕吐、腹痛、腹泻、头晕和全身无力等症状。

(三) 预防措施

(1) 加强卫生管理，防蝇、防鼠、防虫要做到位。

(2) 熟食要低温保存，食用前最好加热处理。

模块二 引起食物中毒的化学因素

一、亚硝酸盐

(一) 亚硝酸盐的性质

亚硝酸盐，是一类无机化合物的总称，外观及滋味都与食盐相似，与食品安全相关的主要指亚硝酸钠。亚硝酸盐是剧毒物质，成人摄入 0.2~0.5g 即可引起中毒，3g 即可致死。亚硝酸盐在自然界和胃肠道的酸性环境中可以转化为亚硝胺，亚硝胺具有强烈的致癌作用，主要能引起食管癌、胃癌、肝癌和大肠癌等。

(二) 亚硝酸盐的来源

(1) 食物中作为发色剂和防腐剂的亚硝酸盐。食品加工时亚硝酸盐常作为护色剂添加在肉类制品中，以维持良好的外观；另外，它可以防止肉毒梭状芽孢杆菌的产生，从而提高食用肉制品的安全性。

(2) 腌制肉制品、咸菜及不新鲜的、变质的蔬菜中亚硝酸盐含量较高。

(3) 误将工业用亚硝酸钠作为食盐、碱面食用。

(4) 饮用含有硝酸盐或亚硝酸盐的苦井水、蒸锅水。

(三) 中毒症状

(1) 亚硝酸盐急性中毒。发病急速，一般潜伏期为 1~3h，中毒的主要特点是由于组织缺氧引起的紫绀现象，俗称"蓝血病"，如口唇、舌尖、指尖青紫，重者眼结膜、面部及全身皮肤青紫。头晕、头痛、乏力、心跳加速、嗜睡或烦躁、呼吸困难、恶心、呕吐、腹痛、腹泻，严重者昏迷、惊厥、大小便失禁，可因呼吸衰竭而死亡。

(2) 亚硝酸盐的慢性中毒。致癌。

(四) 预防措施

(1) 家中的蔬菜要随买随吃，不吃腐烂变质的蔬菜。

(2) 对吃剩的饭菜宜及时煮沸，等杀灭细菌后再低温保存，但保存时间不可过长。

(3) 腌菜宜在腌制半月后待腌透再食，且一次不可过量进食。

(4) 勿将亚硝酸盐当作食盐、碱面使用。

(5) 肉制品中，硝酸盐和亚硝酸盐用量要严格按照国家卫生标准规定，不可多加。

(6) 对于急性中毒的患者，应立即采取吸氧、注射美蓝（亚硝酸盐中毒的特效解毒剂）等进行急救。

二、农药污染

农药污染，是指农药使用后一个时期内没有被分解而残留于生物体、收获物、土壤、水体、大气中对环境和生物产生的污染。农药污染主要是有机氯农药污染、有机磷农药污染和有机氮农药污染。

（一）农药污染食品的途径

（1）对农作物的直接污染。农田施药后，农作物上也附着了农药，或农药渗入株体内残留下来，从而使粮、菜、水果等受到污染。

（2）来自环境的污染。在农田喷洒农药，大部分农药散落在土壤中（有时则是直接施于土壤中）或蒸发、散逸到空气中，降落于江河湖海和附近作物上，或随雨水及农田排水流入江河湖海，污染水体和水生生物。

（3）通过生物富集和食物链造成水产品、禽畜肉、乳、蛋中某些稳定性农药蓄积。

（4）在储存、运输过程中，为了防虫、保鲜，使用杀虫剂、杀菌剂。

（5）错用、乱放农药等造成的事故性污染。

（二）中毒症状

食用含有大量高毒、剧毒农药残留的食物会导致人、畜急性中毒，如神经功能紊乱、震颤、精神错乱、语言失常等症状。长期食用农药残留超标的农副产品，可导致疾病的发生，甚至可以通过胎盘进入胎儿体内，引起下一代发生病变。

（三）预防措施

（1）注意栽培措施，采用生物防治。比如选用抗病虫品种，合理轮作，培育壮苗，种子消毒，采用灯诱、味诱等物理方法诱杀害虫，充分发挥田间天敌控制害虫进行防治。

（2）农药在使用中要注意选用低毒、低残留农药，选用对口农药，适时使用农药。严格控制浓度和使用次数，采用合理的用药方法。注意不同种类农药轮换使用，防止病虫产生抗药性。严格执行农药使用安全间隔期。高毒、剧毒农药不得用于防治卫生虫害，不得用于蔬菜、瓜果、茶叶和中草药材。

（3）加强《农药管理条例》《农药合理使用准则》《食品中农药残留限量》等有关法律法规的贯彻执行，加强对违反有关法律法规行为的处罚。

（4）加强农药生产、流通和使用等环节的管理和监测。

（四）去除农药残留的方法

（1）浸泡法。此种方法仅能除去部分污染农药，主要用于叶类蔬菜。先用水冲洗表面污物，然后将蔬菜放在清水中浸泡 30～60min，浸泡时可加入少量果蔬清洗剂或碳酸氢钠（小苏打）（一般 500ml 水中加入小苏打 5～10g），浸泡后要用流水冲洗 2～3 遍。

（2）热烫法。有些农药随温度升高，分解加快，可以去除大部分残留农药。常用于芹菜、番茄、菠菜、白菜、青椒、菜花、豆角等。先将菜洗净，然后放入沸水中 2～5min 捞出，将烫过捞起的蔬菜根据饮食习惯进行烹调。

（3）去皮法。瓜果蔬菜表面农药量相对较多，削皮是一种较好地去除残留农药的方法。可用于苹果、梨、猕猴桃、黄瓜、胡萝卜、冬瓜、南瓜、西葫芦、茄子、萝卜等适宜削皮的瓜果蔬菜。削皮后要用清水冲洗，以防止再次污染。

三、铅

铅是一种能在人体和动物组织中蓄积的有毒金属，易被肠胃吸收，通过血液影响酶和细胞的新陈代谢，能导致贫血，神经机能失调和肾损伤，对儿童往往会造成不可恢复的大脑损伤。常见铅问题突出的食品有松花蛋、爆米花、膨化食品、水产品、部分奶制品。

（一）食品中铅污染的来源

（1）工业污染。比如，铅在生产和使用过程中逸出烟尘进入环境中，从而污染大气层，然后沉积于尘埃、可食的农作物、水和食品上。泥土中的铅可能会被植物（如谷类和蔬菜）吸收，而空气中的铅粒子也可能会积聚在植物叶子和茎秆的表面；食用水产品，尤其是贝类，会从受污染的水和沉积物中积聚铅。

（2）食品生产设备和包装材料污染。用铅材料制作的食品包装材料和器具，如马口铁、食品包装的含铅印刷颜料和油墨等，其中的铅在一定条件下可迁移到食品中造成污染。

（3）含铅食品添加剂、加工助剂的使用。比如，加工松花蛋用的黄丹粉（PbO）可使禽蛋受到铅污染。

（4）饮用水污染。连接水管的接头处是以铅来焊接的，当其中的水长时间不流动时就会使铅渗入水中，尤其是清晨或假日后，第一次打开水龙头的自来水，含铅量最高。另外，生活垃圾中的各种含铅的废物，如油漆、添加剂以及废电池等，这些废弃杂物中的铅也会渗入地下，污染地下水。

（二）儿童铅中毒的主要途径

（1）有颜色的涂料或油漆必定含有重金属。比如，家庭装修、劣质蜡笔及水彩笔、喷漆玩具等。

（2）室内吸烟，烟雾会将空气中的铅吸附住，使周围空气的含铅量比平时高出 60 倍。

（3）食用含铅量高的食物：饮料、罐头、爆米花、薯片等零食含铅量很高。

（4）汽车尾气和空气污染：铅尘和铅烟都飘浮在 1m 以下，所以儿童更容易吸入。

（三）中毒症状

由消化道或呼吸道吸收大量铅化合物后数日内，口中可有金属味、恶心、呕吐、腹泻以及顽固性腹绞痛，大便呈黑色；头痛、头晕、失眠。重症患者还可出现肝病，周围神经麻痹、溶血性贫血和高血压等。儿童患者可发生铅中毒脑病，出现昏迷、惊厥、若及时治疗可迅速恢复诊治。

儿童铅中毒的主要症状：烦躁冲动不听话，脾气急躁；发育迟缓，食欲差，腹泻，经常便秘、无缘无故地说自己肚子痛；注意力不集中。上课坐不住，作业经常出错，时常心不在焉；反应迟钝，智力下降，记忆力下降；头晕、头痛，甚至导致中毒性脑病。

（四）预防措施

（1）教育儿童养成勤洗手的好习惯，特别要注意在进食前洗手；勤帮儿童剪指甲，指甲缝是特别容易藏匿铅尘的部位。

（2）教育儿童不啃食玩具、食品包装袋、蜡笔等有颜料的物品；不要使用带釉彩的餐具。

（3）保证日常膳食中含有足量的钙、铁、锌等。

（4）平时多吃柠檬、卷心菜、草鱼、柿子、大蒜等水果、蔬菜，以利于解毒、排铅。

四、镉

镉主要用于钢、铁、铜、黄铜和其他金属的电镀，对碱性物质的防腐蚀能力强。镉可用于制造体积小和电容量大的电池。镉的化合物还大量用于生产颜料和荧光粉。镉的毒性较大，被镉污染的空气和食物对人体危害严重，当镉毒进入人体后极难排泄，极易干扰肾功能和生殖功能。

（一）食品中镉污染的来源

工业排出含镉的污水，污染了河水及农田。镉较其他重金属容易被农作物、蔬菜所吸收。人吃下受污染的农作物后，镉通过消化道进入人体，主要积聚于肝及肾，对人体造成损害。污水还会渗入地下，污染地下水。

（二）中毒症状

（1）急性中毒症状类似急性胃肠炎，恶心、呕吐、腹痛、腹泻、全身乏力、肌肉酸痛等，可因失水而发生虚脱，甚至因急性肾功能衰竭而死亡。

（2）慢性中毒主要是肾脏损害，如肾结石、肾功能衰竭等；严重慢性镉中毒患者的晚期可出现骨骼损害，如骨质疏松、骨软化症、自发性骨折等；长期接触镉作业者，肺癌发病率增高。

（三）预防措施

（1）不要乱扔废旧电池。

（2）加强对工业"三废"的管理，控制工业镉对水、空气和土壤的污染，防止镉在动植物体内的蓄积。

（3）平时多喝淡盐水，多吃紫菜、海带，有利于防止各种毒素的侵害。

五、砷

砷主要以硫化物矿形式存在，有雄黄、雌黄、砷黄铁矿等。砷作为合金添加剂可生产铅制弹丸、印刷合金、黄铜、蓄电池栅板等，砷还用于制造硬质合金，昂贵的白铜合金就是用铜与砷合炼的。砷的化合物还用于制造农药、防腐剂、染料和医药等。

（一）食品中砷污染的来源

（1）含砷矿石的开采、金属冶炼，废水可污染地下水，废渣可直接污染食品。

（2）含砷农药（亚砷酸钠、亚砷酸钙等）会造成农作物的严重污染，可导致食品中砷含量增高。

（3）在动物饲料中大量掺入氨苯砷酸等含砷化合物作为促生长剂，使得动物食品受到砷污染。

（4）化工生产和燃料燃烧。砷及其化合物是化工生产中的常用原料，含砷的废水灌溉农作物，造成污染；贵州的一些山区，使用的燃煤砷含量过高，村民又习惯用煤炭烘烤食物，在烘烤过程中食物就被砷污染，再加上室内飘尘砷超标，从而引起砷中毒。

（二）中毒症状

（1）慢性中毒。表现为腹泻、便秘、食欲减退、消瘦等消化系统症状；多样性的皮肤损害，皮肤色素沉着，手掌足底过度角化（黑脚病）。

（2）急性中毒。潜伏期短（十几分钟至数小时），表现为咽喉肿痛有烧灼感、口渴、口中有金属味、剧烈恶心呕吐、腹绞痛、腹泻、大便呈米汤样或血样便，血压下降、昏迷和惊厥，可发生中毒性心肌病、心脑综合征、中毒性肝病和急性肾功能衰竭，常因呼吸、循环衰竭、肝肾功能衰竭而死亡。

（三）预防措施

（1）对砷化物、砷制剂农药及其用具实行专人专管，领用登记，标示"有害"字样，单独存放的管理制度，以防止砷化物中毒事件发生。

（2）含砷农药用于水果、蔬菜时，一定要遵守安全使用规则，遵守安全间隔期。

（3）食品工业所用含砷原料，含砷量不得超过国家标准。

（4）砷中毒的家禽、家畜，应深埋销毁，禁止食用。

模块三　引起食物中毒的其他因素

一、黄曲霉和黄曲霉毒素

（一）性质

黄曲霉，属半知菌类，是一种常见腐生真菌。黄曲霉毒素是主要由黄曲霉、寄生曲霉产生的次生代谢产物。黄曲霉毒素是一种毒性极强的剧毒物质，主要对人及动物肝脏组织有破坏作用，严重时，可导致肝癌甚至死亡。在1993年，黄曲霉毒素被世界卫生组织（WHO）的癌症研究机构划定为1类致癌物。黄曲霉毒素目前已分离鉴定出20余种异构体，其中常见的包括黄曲霉毒素 B_1、黄曲霉毒素 B_2、黄曲霉毒素 G_1、黄曲霉毒素 G_2、黄曲霉毒素 M_1、黄曲霉毒素 M_2。其中以黄曲霉毒素 B_1 最为多见，其毒性和致癌性也最强。黄曲霉毒素对粮食食品的污染非常广泛，其中最严重的是花生及其制品、玉米；其次是大米、大麦、豆类很少。

在自然界，黄曲霉对环境的要求不高，黄曲霉菌是高温耐热的微生物，在25～30℃下，容易产生黄曲霉毒素。黄曲霉毒素耐热，高温只能部分分解。玉米、麦类、稻谷等的水分含量为17％～18％时最适于黄曲霉的生长繁殖。

（二）症状

黄曲霉毒素的主要作用器官是肝脏，它既可引起肝脏组织的损伤，也可导致肝癌的发生，还可以诱发骨癌、肾癌、直肠癌、乳腺癌、卵巢癌等。

（1）急性毒性：黄曲霉毒素属于剧毒物，大量摄入可发生急性中毒，主要表现为肝脏细胞变性、坏死、肝癌以及肾脏细胞变性、坏死。

（2）慢性毒性：持续少量摄入黄曲霉毒素，就会引起慢性中毒，主要表现为生长障碍，体重减轻，肝功能变化，可诱发肝癌。

（3）致突性：突变是生物体内遗传物质在一定条件下发生的突然变化。黄曲霉毒素主要通过干扰细胞的 DNA、RNA 及蛋白质的合成而引起细胞突变，可使细胞活力减弱，胚胎早期死亡，后代出现畸形和先天性缺陷等。

（三）预防措施

（1）在选购食品时，我们要优先选购不含或少含黄曲霉毒素的优质原料，从源头上杜绝一切潜在毒素隐患。

（2）购买坚果、花生、粮食等尽量选择小包装，不要储存太久。食用前要认真检查，明显生霉的粮食、花生，坚决丢掉不要食用。如果打开包装嗅出有变味，则立刻扔掉。

（3）农作物在收获、储运过程中要保证谷粒、花生、豆类及其他易染黄曲霉素的作物的外壳完整无损，这样可有效地防止霉菌的侵染。

（4）农作物收获后，应及时在阳光下晾晒、风干。家庭购买的食品都要储藏在低温干燥处，并用密封袋密封保存。因为密闭条件下可降低氧气浓度，抑制多数霉菌生长，达到防霉的目的。

（5）由于黄曲霉毒素多存在于籽粒的表面，所以食用加工前，要充分搓揉，淘洗干净。

（6）久置的植物油可能有少量黄曲霉毒素，因此，不要囤油，不要生吃烹调油。

（7）绿色蔬菜中的叶绿素等物质能有效降低致癌物质黄曲霉毒素的毒性，并减少人体对黄曲霉毒素的吸收。研究人员指出，菠菜、西兰花、卷心菜等青菜中富含叶绿素和叶绿酸。

二、口蹄疫病毒

（一）性质

口蹄疫病毒属于 RNA 病毒，是偶蹄类动物（四肢末端的蹄均呈双数，如牛、猪、骆驼、鹿等）高度传染性疾病（口蹄疫）的病原。在病毒的中心为一条单链的正链 RNA，由大约 8 000 个碱基组成。

口蹄疫是由口蹄疫病毒感染引起的偶蹄动物共患的急性、热性、接触性传染病。

（二）症状

病畜和带毒畜是主要的传染源。个别口蹄疫病毒的变种可传染给人，人一旦受到口蹄疫病毒传染，经过 2～18d 的潜伏期后突然发病，表现为发热，口腔干热，唇、齿龈、舌边、颊部、咽部潮红，出现水疱（手指尖、手掌、脚趾），同时伴有头痛、恶心、呕吐或腹泻。患者在数天后痊愈，愈后良好。

小常识：RNA 与 DNA

RNA 是核糖核苷酸，是病毒等少数生物的遗传物质。与之相区别的是

DNA，DNA是脱氧核糖核苷酸，是人类等大多数生物的遗传物质，人们常说的基因就是包含在它们的排列次序之中的。

三、囊尾蚴

常见的有猪囊尾蚴和牛囊尾蚴，对人类卫生学意义较大的是猪囊尾蚴。猪囊尾蚴是猪肉绦虫的幼虫，呈圆形或椭圆形包囊，透明或灰白色，米粒大小，寄生有囊尾蚴的猪肉，一般叫"米猪肉"。

（一）症状

（1）人食用了未经煮熟的患有囊尾蚴病的猪肉，囊尾蚴可在肠壁发育为成虫——绦虫，使人患绦虫病，使人出现腹痛、腹泻、消化不良、贫血和消瘦等症状。

（2）人也可感染囊尾蚴病，囊尾蚴寄生在人体肌肉中可出现酸痛、僵硬；寄生于脑内可出现神经症状，抽搐、瘫痪，甚至死亡。压迫眼球可出现视力下降，甚至失明。

（二）预防措施

（1）开展卫生宣传教育，不要食用生猪肉和没有完全烧熟烧透的肉类食品。

（2）养成良好的卫生习惯，对切肉用的刀、砧板、抹布、盛具要生熟分开，并及时消毒。

（3）肉类食品生产必须严格执行检验规程，禁止销售有囊虫感染的肉品。大型屠宰场应有冷藏库，肉内囊尾蚴在－10℃储藏5d后死亡。

（4）讲究卫生，生食的蔬菜、瓜果要清洗消毒，严禁喝生水。

（5）防止牛与猪囊尾蚴感染，改变养猪方式，不应放牧饲养，做到猪有栏、牛有舍，人畜分居，防止饲料被人粪污染。

（6）管理好厕所猪圈，加强粪便无害化处理，控制人畜互相感染。

四、姜片虫

姜片虫的成虫寄生于人的小肠壁，虫体宽厚、肥大，为肉红色，呈长卵圆形。人类因生吃菱角、荸荠、茭白等水生植物而易感染姜片虫。

（一）症状

感染后出现贫血、消瘦、水肿、腹痛等症状，严重的可出现腹水。当虫体寄生过多时出现腹痛和腹泻，并表现为消化不良、排便量多、稀薄而臭，或腹泻与便秘交替出现，甚至发生肠梗阻。

（二）预防措施

（1）加强粪便管理，防止人、猪粪便通过各种途径污染水体。

（2）关键措施是勿生食未经刷洗及沸水烫过的菱角等水生植物，不喝河塘的生水，勿用被囊蚴污染的青饲料喂猪。

（3）注意饮食卫生，控制传染源，加强饮食营养。

五、蛔虫

蛔虫是世界性分布种类，是人体中最常见的寄生虫，感染率可达70%以上，农村高于城市，儿童高于成人。成虫寄生在小肠，多见于空肠，以半消化食物为食。人常因生吃被蛔虫卵污染的根茎类、瓜果类食物造成感染。

（一）症状

（1）当蛔虫幼虫进入肺部时可出现阵发性咳嗽、气喘，在肠道引起腹痛、恶心、呕吐，严重的可造成肠梗阻。蛔虫进入肝、胆可引起肝脓肿和黄疸及剧烈腹痛。

（2）儿童或体弱者腹痛，久之会造成营养不良。小儿蛔虫轻者可无明显症状，重者可有不思饮食、偏食、异嗜癖、面黄肌瘦，脐周腹痛，时作时止，并可见吐蛔或便蛔。

（二）预防措施

（1）养成良好卫生习惯，饭前便后要洗手，不喝生水，不吃不清洁的食物，防止食入蛔虫卵，以减少感染机会。

（2）搞好家庭饮食卫生，凉菜加工前应认真清洗干净。

（3）帮助幼儿改进个人卫生、勤剪指甲、勤洗手、不随地大小便。

（4）使用无害化人粪做肥料，防止粪便污染环境是切断蛔虫传播途径的重要措施。

（5）对患者和带虫者进行驱虫治疗，可降低感染率、减少传染源，又可改善儿童的健康状况，是控制传染源的重要措施。

六、旋毛虫

旋毛虫是一种很细的线虫，多寄生于猪、狗、猫以及野猪、鼠等体内。旋毛虫病为人畜共患的寄生虫病。人食用了未煮熟、带有旋毛虫的病肉后而感染。

（一）症状

幼虫向人体肌肉移行时，可出现恶心、呕吐、腹痛、腹泻、高热、肌肉疼痛等症状。幼虫进入脑脊髓还可引起头痛、头晕等脑膜炎样症状。

（二）预防措施

（1）加强肉类食品卫生检验与监督管理，严禁未经检验的肉和旋毛虫病肉上市销售。猪肉在－15℃冷藏 20d，可将旋毛虫的包囊杀死。

（2）在肉类食品加工中，食具、容器等用具应生熟分开，防止交叉污染，肉和肉制品应烧熟煮透，使肉制品中心温度达 70℃以上。

（3）改变饮食习惯，不吃生肉和半生肉。凉拌、腌制、熏烤及涮食等方法常不能杀死旋毛虫幼虫。

（4）提倡科学养猪，保持猪舍清洁，饲料宜加温至 55℃以上，消灭鼠等保存寄主。

项目四　生活中常见的易中毒食物

模块一　生活中常见易中毒的植物食品

一、发芽、变绿的马铃薯

马铃薯含有有毒物质龙葵素（也可见于茄子、未熟番茄）。龙葵素对人的胃肠道有较强的刺激性和腐蚀性，对中枢神经系统有麻痹作用，能破坏血液中的红细胞，甚至引起脑组织充血、水肿。没有发芽、变绿的马铃薯每 100g 含龙葵素 5～10mg，不会引起中毒。但马铃薯发芽、变绿后每 100g 马铃薯含龙葵素可达 500mg，尤其以外皮、幼芽、芽孔附近为多，人食用后可引起中毒。轻者表现为口腔及咽喉部瘙痒，上腹部疼痛，并有恶心、呕吐、腹泻，经过 1～2h 会通过自身的解毒功能而自愈，严重者表现为体温升高和反复呕吐而致失水，以及抽搐、呼吸困难、血压下降，甚至因呼吸麻痹和循环衰竭而死亡。

预防措施：

（1）马铃薯应储存在低温、无直射阳光的地方。

（2）对发芽较少的马铃薯应先削皮。再彻底挖掉芽和芽眼，并将芽眼附近的皮肉及发紫部分切除。由于龙葵碱能溶于水，遇醋酸加热后能被分解破坏，所以将削好的马铃薯放在冷水中浸泡 30～60min，烹调时，在锅中放少许醋，可分解毒素。

（3）若发芽太多，皮肉大部分已变紫色，就不应再食用了。

二、鲜黄花菜

鲜黄花菜含有"秋水仙碱"，它进入人体后在组织间被氧化生成二秋水仙碱，具有较大毒性。二秋水仙碱对胃肠黏膜和呼吸器官黏膜有强烈的刺激作用，而引起恶心、呕吐、腹痛、腹泻、口渴、腹胀等症状，严重者可产生血便、血尿或无尿等症状。

预防措施：

（1）干制黄花菜经过蒸煮洗晒等加工，可以去除掉大部分的秋水仙碱，从而去除毒性。

（2）秋水仙碱易溶于水，在高温60℃时可减弱或消失，所以如果食用新鲜黄花菜，应去其条柄，用开水焯过，然后用清水浸泡2～3h（其间换一次水）、充分冲洗，使秋水仙碱最大限度地溶于水中，捞出用水洗净后再进行炒食。

三、苦杏仁

苦杏仁含有苦杏仁甙和苦杏仁甙酶。苦杏仁甙遇水后，在苦杏仁甙酶的作用下，可产生氢氰酸。氢氰酸能严重影响人体细胞功能，破坏人的中枢神经。中毒症状表现为眩晕、心悸、头痛、恶心、呕吐、惊厥、昏迷、紫绀、瞳孔散大、对光反应消失、脉搏弱慢、呼吸急促或缓慢而不规则。若不及时抢救，可因呼吸衰竭而死亡，尤以儿童病死率高。

预防措施：

（1）预防苦杏仁中毒，最重要的是不生吃苦杏仁。

（2）苦杏仁用60℃温水浸泡10min，捞出后脱皮晒干，毒性降低，可以食用，但也应当控制食用量，否则也可能发生中毒。

小常识：苦杏仁与甜杏仁的鉴别

苦杏仁味苦涩，呈扁心脏形，顶端尖，基部钝圆而厚，左右略不对称；甜杏仁味淡甘，大而扁，基部略对称。不能将苦杏仁误作甜杏仁而生食。

四、柿子

柿子甜腻可口，营养丰富，但是一次食用量不能太大，尤其是未成熟的柿子。柿子含有的鞣酸及果胶，在空腹情况下它们会在胃酸的作用下形成大小不等的硬块，如果这些硬块不能通过幽门到达小肠，就会滞留在胃中形成胃柿石，如果胃柿石无法自然被排出，那么就会造成消化道梗阻，出现上腹部剧烈疼痛并有沉坠感，胀满、恶心呕吐，呕吐物中有碎柿块，也可吐血；在胃柿石的刺激下，还可产生慢性胃炎、胃溃疡和胃功能紊乱。

预防措施：

（1）尽量在饭后1h左右食用柿子，这时胃里有食物，可以避免胃柿石形成。

（2）不要与含高蛋白的蟹、鱼、虾等食品一起吃。含高蛋白的蟹、鱼、虾在鞣酸的作用下，很易凝固成块，即胃柿石。

（3）不要食用柿子皮和未成熟的柿子。因为柿子中的鞣酸绝大多数聚集在皮中，在柿子脱涩时，不可能将其中的鞣酸全部脱尽，如果连皮一起吃更容易形成胃柿石。未成熟的柿子果胶含量也比较多。

五、霉变甘蔗

霉变的甘蔗"毒性十足"。从霉变甘蔗中可分离出真菌，称为甘蔗节菱孢霉菌。其毒素 3-硝基丙酸，是一种神经毒素，主要损害中枢神经系统。霉变甘蔗中毒潜伏期短，10min～17h，大多食后 2～8h 发病。中毒症状最初为恶心、呕吐、腹痛、腹泻，继之出现神经系统症状，如头痛、头晕、视物模糊、幻视或复视、下肢无力、不能站立。重者呕吐剧烈、大便呈黑色、血尿、发热，出现阵发性抽搐，意识丧失，继而进入昏迷，甚至死于呼吸衰竭。

预防措施：

（1）不成熟的甘蔗易霉变，所以甘蔗必须成熟后收割，而且甘蔗应随割随卖，不要存放。

（2）一根甘蔗上有几处发现了霉点，而其他部位看起来还不错并没有发霉迹象，用刀削一削也是不可以食用的，因为甘蔗含水量很高，霉菌毒素会在其中自由渗透而转移到他处。

小常识：霉变甘蔗的辨别（表 2-1）

表 2-1　霉变甘蔗的辨别

	新鲜甘蔗	霉变甘蔗
外观形态	茎秆粗硬光滑，端正挺直，富有光泽，表面呈紫色挂有白霜，无虫蛀孔洞	表皮色泽不鲜，失去光泽，外观不佳，节与节之间或小节上可见虫蛀痕迹
果肉组织	果肉洁白，质地紧密，纤维细小，富含汁液	纤维粗硬，汁液少，质软，疏松，切开后，剖面呈灰黑色、棕黄色或浅黄色，纤维中可见杂有粗细不一的红褐色条纹或青黑色斑点
气味和味道	汁多味甜，水大渣少，清甜爽口	有酸霉味、辣味或酒糟味

六、长斑甘薯

储存时间太久，或储存处过于潮湿，甘薯可能会在黑斑病菌（一种霉菌）的作用下表面出现黑褐色斑块，即黑斑病。黑斑病菌排出的毒素有剧毒，不仅使甘薯变硬、发苦，而且对人体肝脏影响很大。这种毒素耐热，无论使用煮、蒸或烤的方法都不能使之破坏。因此，有黑斑病的甘薯，不论生吃或熟吃，均可引起中毒。中毒大多发生在吃后数小时至数日，主要中毒症状为恶心、呕吐、腹痛、腹泻等，严重的会出现高热、气喘、抽搐、昏迷，甚至死亡。

预防措施：

（1）储藏红薯的地窖要选择地势高、通风好、不渗水的地方；放红薯的底层要垫上干燥、清洁的草；经常检查，及时挑出有褐色或黑色斑点的红薯。

（2）一旦红薯发生黑斑、发硬、苦味、霉变，就不要再食用了。

七、生豆浆、生四季豆

未煮熟的豆浆和四季豆含有皂素、胰蛋白酶抑制素、血球凝集素等有毒物质，皂甙对人体消化道具有强烈的刺激性，可引起出血性炎症，并对红细胞有溶解作用。血球凝集素，具有红细胞凝集作用。如果烹调时加热不彻底，豆类的毒素成分未被破坏，食用后会引起中毒，诱发恶心、呕吐、腹痛、腹泻、乏力等症状，一般不发热；有时会有四肢麻木、胃烧灼感、心慌和背痛，严重时可引起脱水和电解质紊乱。

预防措施：

（1）豆浆彻底煮开再喝。当豆浆煮至 85～90℃ 时，皂素容易受热膨胀，产生大量泡沫，这是一种"假沸"现象，此时的温度不能完全破坏豆浆中的皂甙物质，应减小火力，再继续煮沸 3～5min，使泡沫完全消失，才可食用。

（2）不买、不吃老四季豆，因为四季豆越老毒素越多。

（3）食用时把四季豆两端和荚丝摘掉，因为这些部位含毒素较多。

（4）烹饪时要把全部四季豆煮熟焖透，如在出锅前放入适量的蒜蓉，不但使口味变得美味，还有杀菌解毒的作用。

小常识：别往豆浆里加红糖

红糖所含醋酸、乳酸等有机酸，与豆浆中的钙结合，产生醋酸钙、乳酸钙等块状物，不仅降低豆浆的营养价值，而且影响营养素吸收。此外，豆浆中的嘌呤含量较高，痛风患者不宜饮用。

模块二 生活中常见易中毒的动物食品

一、螃蟹

虽然螃蟹和鱼一样生活在水中，但螃蟹喜欢吃水中死鱼、死虾等腐败的动物尸体，因此在螃蟹的体表、鳃部和胃肠道均沾满了细菌、病毒等致病微生物。尤其是河蟹，大多生长在污浊的河塘中，蟹体内外有大量的病菌。如果生吃、腌吃或醉吃螃蟹，可能会被感染一种名为肺吸虫病的慢性寄生虫病。

当螃蟹一旦垂死或死亡后，螃蟹体内的组氨酸会分解产生组胺，而组胺是一种有毒的物质。随着死亡时间的延长，蟹体积累的组胺就会越来越多，因此毒素也就会越来越多，这时候即使螃蟹被煮熟了，它体内的毒素也不易被破坏。因此，人们若吃了这样的螃蟹，自然就会引起食物中毒。

（一）中毒症状

吃了螃蟹中毒后，往往会出现恶心、呕吐、腹痛、腹泻等，严重者还会上吐下泻不止，导致人体因失水过多，造成酸碱失调或虚脱，甚至出现生命危险。

（二）预防措施

（1）不吃死螃蟹，不吃用酒醉和盐渍的生螃蟹。

（2）吃新鲜螃蟹时，煮前先刷干净，把螃蟹放入淡水中浸一下，这样可使其吐出污水和杂质，煮蒸时须待水沸后再煮 20min 以上，吃时先去蟹肋、胃、肠、心，宜多佐以姜末和香醋，这样既能开胃消化，又能除腥杀菌。

（3）熟蟹极易被细菌污染，因此螃蟹宜现烧现吃，不要存放。如果一次吃不完，剩下的要保存在干净、阴凉通风的地方或冰箱内，并与其他食物分开，吃时必须回锅再煮熟蒸透。

二、鱼胆

人们日常吃的青鱼、草鱼、鲤鱼、鲢鱼等鱼胆中含胆汁毒素，能损害人体肝、肾，使其变性坏死，也可损伤脑细胞和心肌，造成神经系统和心血管系统的病变。民间有以生吞鲤鱼胆来治疗眼疾、高血压及气管炎等病的做法，常因用量、服法不当而发生中毒。因胆汁毒素不易被热和乙醇所破坏。因此，不论生吞、熟食或用酒送服，超过 2.5g，就可中毒，甚至死亡。

（一）中毒症状

鱼胆中毒发病快，病情险恶，病死率高，中毒的潜伏期很短，一般在食后 30min 发病，临床表现有恶心、上腹部不适，剧烈呕吐、腹痛、腹泻、偶有黑便等胃肠道症状。中毒较重的，可出现肝大、黄疸、肝区压痛、颜面浮肿，还有少尿、蛋白尿、血尿和无尿、腰痛等泌尿系统症状。有的还有心肌损害，出现心率快、心脏扩大、心力衰竭；部分患者还会烦躁不安、抽搐、昏迷。

（二）预防措施

对中毒患者进行催吐、洗胃、导泻，保护肝肾功能等对症治疗，口服或静脉注射葡萄糖、肝泰乐及大量维生素 C 等保肝药物。若出现休克，应让其俯卧，头稍低，并急送医院救治。

三、动物甲状腺

动物甲状腺中毒是因吃未摘除甲状腺的动物血脖肉、喉头气管，混有甲状腺的修割碎肉，或误将制药用的甲状腺当肉吃而引起的。甲状腺的主要成分是甲状腺激素，化学物理性质比较稳定，要加热到 600℃ 以上才能被破坏。因此，一般烹调方法很难将其破坏。食入动物的甲状腺后，突然大量外来的甲状腺激素扰乱了人体正常的内分泌活动，特别是严重影响了下丘脑功能，从而造成一系列神经精神症状。

（一）中毒症状

潜伏期最短为 1h，一般多在 12～24h，主要表现为头痛、心慌、气短、烦躁、全身乏力、四肢酸痛（尤以脐肠肌为显）、心律失常、抽搐、食欲减退或亢进、恶心、呕吐、腹痛、腹泻、便秘、失眠、多汗、发热、视物不清、脱发、昏迷等。其中最多见的是头晕、头痛；脱发也较常见，重者可大片脱落，形成局部秃头；孕妇中毒后易引起流产或早产；乳母食甲状腺中毒后，婴儿吃母乳亦能引起中毒。

（二）预防措施

禁止食用动物甲状腺，屠宰家畜时应谨记摘除甲状腺并妥善处理，防止在修割的碎肉中混进甲状腺，向广大群众宣传甲状腺中毒危害，预防误食。治疗以催吐、洗胃、导泻为主，并应及时就医对症治疗。

四、新鲜海蜇

新鲜海蜇皮体较厚，水分较多。经研究发现，海蜇含有四氨络物、5-羟色胺及多肽类物质，有较强的组胺反应，可引起"海蜇中毒"。

（一）中毒症状

"海蜇中毒"常表现为腹泻、呕吐等症状。

（二）预防措施

只有经过食盐加明矾腌渍 3 次（俗称"三矾"），使新鲜海蜇脱水，才能将毒素排尽，方可食用。"三矾"海蜇呈浅红或浅黄色，厚薄均匀且有韧性，用力挤也挤不出水。

海蜇有时会附着一种叫"副溶血性弧菌"的细菌，对酸性环境比较敏感。因此凉拌海蜇时，应放在淡水里浸泡两天，食用前加工好，再用醋浸泡 5min 以上，就能消灭全部"弧菌"。这时候，你就可以放心大胆地吃凉拌海蜇了。

模块三　生活中常见易中毒的其他食品

一、鲜木耳

(一) 中毒症状

鲜木耳含有叫作"卟啉"的光感物质，人食用以后被人体吸收，经阳光照射，能引起皮肤瘙痒、水肿等症状，严重时可致皮肤坏死。若水肿出现在咽喉黏膜，还能导致呼吸困难。

(二) 预防措施

鲜木耳经过暴晒后制成干木耳，暴晒过程中会分解大部分"卟啉"物质，而且干木耳在被食用时，也需经水浸泡，使可能残余的毒素溶于水中，使水发的干木耳没有毒素。

二、蘑菇

我国有可食蘑菇 300 多种，毒蘑菇 80 多种，其中含剧毒的有 10 多种。在广大山区乡镇和农村，误食毒蘑菇中毒的事例比较普遍，曾经被作为多发性食物中毒的原因之一。常在夏、秋阴雨季节多发。

(一) 中毒症状

一般在误食 0.5～6h 后出现症状。胃肠炎型中毒主要表现为恶心、剧烈呕吐、腹痛、腹泻等，严重者会出现吐血、脱水、昏迷，以及急性肝、肾功能衰竭而死亡。神经精神型中毒主要症状有幻觉、狂笑、手舞足蹈、行动不稳等。溶血型中毒发病 3～4d 出现急性贫血、黄疸、血尿、肝脾肿大等，严重者可能因肝脏、肾脏严重受损及心力衰竭而导致死亡。

(二) 预防措施

绝不采摘不认识的蘑菇，绝不食用未食用过的蘑菇。

三、熏制、烧烤类食品

(一) 熏制、烧烤类食品的危害

(1) 煤、木炭、柴草等有机物燃烧不完全时会产生大量多环芳烃类化合物，其中以 3，4-苯并芘的致癌性最为强烈。因此，采用高温烟熏火烤的食品就会直接受到污染。

(2) 食品的油脂经高温加热后其中的不饱和脂肪酸会生成热聚合物，毒性较强。

(3) 肉类在烤炉上烧烤，维生素和氨基酸遭到破坏，蛋白质发生变性，降

低了蛋白质的利用率，严重影响这些营养的摄入。

（4）富含蛋白质的鱼、肉等食物烧焦、烤糊时，最容易产生杂环胺。杂环胺是一种强致癌物质。

（5）烧烤食物外焦里嫩，有的肉里面还没有熟透，若是不合格的肉，食者可能会感染寄生虫，埋下隐患。

（二）预防措施

（1）应尽量避免食品与炭火直接接触。

（2）改善加工条件，最好采用电炉，远红外烘箱。

（3）改良食品烟熏剂，把有害物质的含量控制在最低水平。

■ 复习与思考

1. 什么是食物中毒？食物中毒有何特征？我们应该怎样预防呢？

2. 如果有人发生食物中毒，你应该采取哪些必要的急救措施？

3. 引起食物中毒的因素有哪些？哪些因素是你在日常生活中听说过的，你知道它们的中毒症状和预防措施吗？请举例说明（要求举3～4例）。

4. 人食用了发芽的马铃薯、霉变的甘蔗、死螃蟹就会中毒，为什么？中毒后会有怎样的症状？我们应该怎样预防呢？

单元三

食品添加剂

学习目标

通过本单元的学习，掌握食品添加剂的概念及分类，了解食品添加剂的发展状况、发展趋势和使用注意事项，了解其分类及应具备的条件，了解各种食品添加剂的性质，掌握其安全性，了解食品添加剂在食品中的最大使用量。

食品添加剂是当今食品工业的"秘密武器"，是食品工业产品不可缺少的，可以说当今社会食品添加剂无处不在，与我们的饮食生活息息相关。今天，食品添加剂的生产、应用已成为现代食品工业发展必不可少的基础之一，"没有食品添加剂就没有现代食品工业"。但随之而来的食品安全问题也备受关注。

项目一 认识食品添加剂

模块一 食品添加剂概述

一、食品添加剂的定义

世界各国对食品添加剂的定义不尽相同，联合国粮农组织（FAO）和世界卫生组织（WHO）联合食品法规委员会对食品添加剂定义为：食品添加剂是有意识地一般以少量添加于食品，以改善食品的外观、风味和组织结构或贮存性质的非营养物质。按照这一定义，以增强食品营养成分为目的的食品强化剂不应该包括在食品添加剂范围内。

按照《中华人民共和国食品安全法》第99条，我国对食品添加剂的定义：为改善食品品质和色、香、味，以及为防腐、保鲜和加工工艺的需要而加入食品中的人工合成或者天然物质。营养强化剂、食品用香料、胶基糖果中基础剂物质、食品工业用加工助剂也包括在内。

二、食品添加剂产业概况

食品添加剂的定义尽管提出不久，但我国使用食品添加剂历史悠久，早在古代《食经》等书中就对食品加工有了记载。如用桂皮、茴香等天然物调香，用盐卤和石膏做凝固剂制作豆腐，在公元 25 年的东汉时期就已经应用，并一直流传至今。亚硝酸盐在 800 年前的南宋时就已用于加工腊肉，后来传入欧洲。

在工业革命后，随着化学合成工业的发展，食品添加剂也进入一个快速发展的阶段，许多人工合成的食品添加剂相继问世，并大量应用于食品工业中；进入 20 世纪后期，发酵工艺生产的和天然原料提取的食品添加剂也迅速发展起来。

我国自 20 世纪 80 年代以来，食品添加剂的研究开发迅速。目前，我国食品添加剂总产值占国际贸易额的 10％左右，其中柠檬酸、苯甲酸钠、山梨酸钾、糖精、木糖醇等品种在国际市场上占有重要地位，具有广阔的发展前景。在营养强化剂方面，我国是全球生产各种维生素品种较齐全的国家，也是全球产量最大、出口量最大的国家，维生素 C 生产技术达到世界领先水平。而且我国拥有丰富的植物资源，国内的天然甜味剂、天然色素和天然香料等天然提取物，都受到国际市场的青睐。

三、食品添加剂的分类

根据我国《食品添加剂使用卫生标准》（GB2760—2011），食品添加剂的分类可按其来源、功能和安全评价的不同而有不同的划分：

（一）根据来源分类

食品添加剂可分为天然食品添加剂和化学合成食品添加剂两大类。

（1）天然食品添加剂是指利用动、植物或微生物的代谢产物等为原料，经提取所获得的天然物质。

（2）化学合成食品添加剂是指利用氧化、还原、聚合、成盐等各种化学反应得到的物质，又可分为一般化学合成品与人工合成天然等同物。一般化学合成品是纯化学合成物，如苯基酸钠；人工合成天然等同物是指利用发酵等方法制取的物质，它们有的虽然是化学合成的，但其结构和天然化合物相同，如柠檬酸、天然等同香料、天然等同色素等。

目前使用的大多均属于化学合成食品添加剂。

（二）按作用和功能分类

这种分类方法最具有使用价值，比较有利于一般使用者按食品加工制造的要求快速地查找出所需要的添加剂。

按食品添加剂的主要功能和作用的不同分为 23 类：酸度调节剂、抗结剂、消泡剂、抗氧化剂、漂白剂、膨松剂、胶基糖果中基础剂物质、着色剂、护色剂、乳化剂、酶制剂、增味剂、面粉处理剂、被膜剂、水分保持剂、营养强化剂、防腐剂、稳定剂和凝固剂、甜味剂、增稠剂、食品用香料、食品工业用加工助剂、其他。每类添加剂中所包含的种类不同，少则几种（如抗结剂只有 5 种），多则达千种（如食用香料有约 1 027 种）。

（三）按食品安全性评价分类

联合国食品添加剂法规委员会（CCFA）曾在 FAO/WHO 食品添加剂联合专家委员会（JECFA）讨论的基础上将食品添加剂分为 A、B、C 三类，每类再细分为两类。

1. A 类

A（1）类：JECFA 评价认为毒理学资料清楚，已制定出 ADI 值（人类每日摄入某种物质直至终身，也不会产生可检测到对健康产生危害的量）或者认为毒性有限无须规定 ADI 值者。

A（2）类：JECFA 已制定暂定 ADI 值，但毒理学资料不够完善，暂时许可用于食品者。

2. B 类

B（1）类：JECFA 曾进行过安全性评价，因毒理学资料不足而未制定 ADI 值者。

B（2）类：JECFA 未进行过安全性评价。

3. C 类

C（1）类：JECFA 根据毒理学资料认为在食品中使用不安全者。

C（2）类：JECFA 认为应严格限制在某些食品中作特殊应用者。

四、食品添加剂的作用

（一）有利于食品的保藏，防止食品腐败变质

例如，为什么我们自制的食物一般保质期都很短，也就几小时到十几小时，而市场上销售的食品保质期却可以达到几个月，甚至几年呢？这是因为这些食品中添加了防腐剂的缘故。防腐剂可以防止由微生物引起的食品腐败变质，延长食品的保存期，同时它还具有防止由微生物污染引起的食品中毒作用。

（二）改善食品的感官性状

食品加工过程一般都有碾磨、破碎、加温、加压等物理过程，在这些加工过程中，食品会出现褪色、变色、风味和质地改变等不良变化，有一些食品固有的香气也散失了。这时适当使用着色剂、护色剂、食用香料、增稠剂等食品添加剂，可明显提高食品的感官质量，满足人们的不同需要。例如，为什么生日蛋糕会有五颜六色的图案呢？这是因为我们在奶油中添加了各种着色剂的缘故。

（三）保持或提高食品的营养价值和提高产品质量

食品加工不可避免地会造成食品一定的营养素损失。在食品加工时适当地、有针对性地添加食品营养强化剂，可大大提高食品的营养价值，这对防止营养缺乏、促进营养平衡、提高人们的健康水平具有重要意义。

（四）增加食品的品种和方便性，并可开发食品新资源

人们生活水平的不断提高、生活节奏不断加快，促进了食品品种的开发和方便食品的发展。具有防腐、抗氧化、乳化、增稠、着色、增香、调味等不同功能的食品添加剂在食品加工过程中配合使用，生产出众多的食品种类和品种，尤其是方便食品的供应，给人们生活和工作带来了极大的便利。

（五）有利于食品加工操作，适应生产的机械化和自动化

在食品加工中使用澄清剂、消泡剂、助滤剂、稳定和凝固剂等，可有利于食品的加工操作。例如，当使用葡萄糖酸-δ-内酯作为豆腐凝固剂时，可有利于豆腐生产的机械化和自动化。乳化剂能使方便面的水分均匀散发，提高面团的持水性和吸水性。

（六）满足其他特殊需要，作为某些特殊膳食用食品配料

食品应尽可能满足人们的不同需求。例如，糖尿病人不能吃糖，则可用无营养甜味剂或低热能甜味剂，如木糖醇等制成无糖食品供应。对于缺碘地区则供给碘强化食盐，可防止当地居民的缺碘性甲状腺肿大。

模块二　食品添加剂的使用原则及发展趋势

一、食品添加剂的使用原则

根据我国《食品添加剂使用卫生标准》（GB2760—2011）的规定，食品添加剂的使用原则包括以下几方面：

（一）食品添加剂使用时应符合以下基本要求

（1）不应对人体产生任何健康危害。

（2）不应掩盖食品腐败变质。

（3）不应掩盖食品本身或加工过程中的质量缺陷或以掺杂、掺假、伪造为目的而使用食品添加剂。

（4）不应降低食品本身的营养价值。

（5）在达到预期目的前提下尽可能降低在食品中的使用量。

（二）在下列情况下可使用食品添加剂

（1）保持或提高食品本身的营养价值。

（2）作为某些特殊膳食用食品的必要配料或成分。

（3）提高食品的质量和稳定性，改进其感官特性。

（4）便于食品的生产、加工、包装、运输和储藏。

（三）带入原则

在下列情况下食品添加剂可以通过食品配料带入食品中：

（1）根据本标准，食品配料中允许使用该食品添加剂。

（2）食品配料中该添加剂的用量不应超过允许的最大使用量。

（3）应在正常生产工艺条件下使用这些配料，并且食品中该添加剂的含量不应超过由配料带入的水平。

（4）由配料带入食品中的该添加剂的含量应明显低于将其直接添加到该食品中通常所需要的水平。

二、食品添加剂的发展趋势

目前各国都在致力于开发出新型的食品添加剂和新的食品添加剂制备技术，从中看出食品添加剂的发展有以下趋势：

（一）保证食品添加剂的安全性

保证食品添加剂的安全性是食品添加剂发展的前提条件。对于食品添加剂的研究开发，一定要强化生产管理，增强监督执法力度，严格控制其使用量和适用范围，促进食品添加剂的安全使用。

（二）研究开发天然食品添加剂

天然食品添加剂通常来源于经常食用的动植物食品或原料，或采用现代化生物技术生产，具有相对较高的安全性，而且往往具有多种营养保健功能，已经成为消费者追逐的热点，因此天然食品添加剂的应用越来越广泛。大力开发天然色素、天然防腐剂等食品添加剂，不仅有益于消费者的健康，而且能促进食品工业的发展。

（三）研究新型食品添加剂合成工艺

很传统的食品添加剂本身有很好的使用效果，但由于制造成本高、产品价格昂贵，应用受到了限制，迫切需要开发一些高效节能的工艺。

（四）开发复配型食品添加剂

复配一般分为两种：

（1）两种以上不同的食品添加剂复配起到多功能、多用途的作用。例如，茶多酚与柠檬酸复配后抗氧化效果显著增强。

（2）同类型两种以上食品添加剂复配以发挥协同、增效的作用。例如，明胶与羟甲基纤维素钠复配后可获得低用量、高黏度的特性。

生产实践表明，很多食品添加剂复配可以产生增效作用或派生出一些新的功能，使食品添加剂在低使用量的情况下达到很好的应用效果，而且还可以进一步改善食品的品质，提高食品的食用安全性，拓展食品添加剂的使用范围，提高食品添加剂的经济效益和社会效益。

（五）开发高分子型和载体型食品添加剂

增稠剂基本上都是天然的或改性天然水溶性高分子，其他食品添加剂除了少量为生物高分子外，基本上都是小分子物质。实践表明，若能把普通食品添加剂高分子化，往往可以具有食用安全性大大提高、热值低、效用耐久化的特点。

（六）大力开发研究高效、安全的食品添加剂合成技术

很多传统的食品添加剂有很好的使用效果，但由于制造工艺复杂，造成产品成本高、价格昂贵、生产周期长等特点，已经不能满足现代食品工业的要求，使食品添加剂的使用受到限制，迫切需要采用一些高效节能的高新技术来提高产品纯度、降低产品成本、改善产品性能、增强产品的国际竞争力。

三、食品添加剂使用上存在的问题

（一）超范围使用

我国《食品添加剂使用卫生标准》（GB2760—2011）规定了食品添加剂允许使用的品种、使用范围及使用量。扩大使用范围需经卫生部审批同意，而不少食品生产加工者没按要求进行审报，而是随意扩大使用范围。使用没列入《食品添加剂使用卫生标准》（GB2760—2011）中的食品添加剂品种、擅自扩大食品添加剂的使用范围和将食品添加剂使用于没有批准的食品品种中都属于超范围使用，比较常见的是色素、防腐剂、甜味剂等。

（二）超限量使用

食品添加剂超限量使用的情况同样也比较严峻，特别是防腐剂、甜味剂、漂白剂等。一方面，某些厂家缺乏食品安全意识，不顾食品添加剂的用量问题，或者有些厂家设备简单陈旧，缺乏精确的计量设备和生产技术人员。另一方面，对于现场制作、产量较小的产品并没有做出用量的规范。像面包店中预

包装好的面包，在配料表一栏，除了标了小麦粉、白砂糖、牛油、鸡蛋等原料外，还标了"面包改良剂"，后面往往用括号表明了成分"淀粉、双乙酰酒石酸单甘油酯、维生素C、酶制剂"，但对于用量没有明确。为了食品添加剂的安全使用，应尽快完善有关食品添加剂的标准和法规，加大处罚力度，才可从根本上治理滥用食品添加剂的问题。

（三）食品添加剂使用宣传上的误区

当前食品的标识和各种广告宣传中，常见到"纯天然""不含防腐剂""不含任何食品添加剂"的宣称，客观上误导了消费者，甚至出现谈防腐剂、谈添加剂色变的趋势。现代食品工业中，真正没有使用食品添加剂的食品极少。厂家之所以如此宣传，主要是为了迎合消费者的心理，故弄玄虚，以标榜自己的产品安全无害。这无疑给消费者发出了"食品添加剂有害"的错误信号。

（四）非法使用非食品用化工产品

在食品安全法中，明确了食品生产者应当按照食品安全标准中有关食品添加剂的品种、使用范围、用量的规定使用食品添加剂，不得在食品生产中使用食品添加剂以外的化学物质或者其他危害人体健康的物质。但实际上，如吊白块、孔雀石绿、苏丹红等被广泛应用于食品生产。

（五）使用过期、劣质的食品添加剂

已过保质期的食品添加剂，不仅其功效会大打折扣，而且长期存放还可能发生化学反应，产生有毒有害物质，影响食品的安全性。劣质食品添加剂则产品不纯，其杂质中可能含有汞、铅等重金属有害物质，添加到食品中，会严重影响食品的安全。

（六）重复、多环节使用食品添加剂

重复、多环节使用食品添加剂一般有两种情况：

（1）在某一食品中添加了单一的添加剂后，又因其他功用添加了复合食品添加剂，而复合添加剂由于配方保密不便公开，可能会出现重复添加的情况。例如。为了酱油防腐，在酱油中加入A防腐剂。此后酱油被用于某种罐头食品中，则A防腐剂就带入到罐头食品中，而这种罐头食品可能未被批准用A防腐剂，或者A防腐剂的使用限量低，可是罐头食品生产厂家不知道原料酱油里使用了A防腐剂，这样就容易引起该罐头食品A防腐剂使用量超标。

（2）某食品添加剂被多个环节进行了添加。例如，国家允许使用的面粉增白剂过氧化苯甲酰，在现实中，生产面粉厂添加、销售商添加、生产馒头的小作坊添加，致使最终产品的增白剂严重超标。

项目二　食品防腐剂

由于食品营养丰富，适于微生物生长繁殖，而微生物到处都有，无孔不入，故细菌、霉菌和酵母菌之类微生物的侵袭通常是导致食品败坏的最主要原因。

为了保存食品，可用罐藏、冷藏、干制、腌制或化学保藏等方法，但亦受到设备、成本等条件的限制。在一定的条件下，配合使用食品防腐剂作为一种保藏的辅助手段，对防止食品腐败，降低成本，提高经济效益有显著效果。这种方法使用简便，一般不需要特殊设备，甚至可使食品在常温及简易包装条件下短期储藏，在经济上较各种冷热保藏方法优越，故现阶段食品防腐剂使用非常广泛。

模块一　食品防腐剂概述

一、食品防腐剂的定义

食品防腐剂是具有杀死微生物或抑制其增殖、防止或延缓食品腐败、延长食品储存期等作用的物质。

二、食品防腐剂的分类

目前世界各国所用的食品防腐剂约有 30 多种。食品防腐剂在中国被划定为第 17 类，有 28 个品种。

（一）按来源分类

1. 化学防腐剂　又分为有机化学防腐剂与无机化学防腐剂两大类。

（1）有机化学防腐剂主要是苯甲酸及其盐类、山梨酸及其盐类、对羟基苯甲酸酯类等。苯甲酸及其盐、山梨酸及其盐等均是通过未解离的分子起抗菌作用，它们均需转变成相应的酸后才有效，它们在酸性条件下对霉菌、酵母及细菌都有一定的抑菌能力，体系酸性越大，防腐效果越好，在碱性条件下几乎无效，故又称酸型防腐剂。

（2）无机化学防腐剂主要包括亚硫酸及其盐类、二氧化碳、硝酸盐及亚硝酸盐类、游离氯及次氯酸盐等。但亚硝酸盐主要作为发色剂用，亚硫酸盐主要作为漂白剂用，它们将在后续有关项目中分别介绍。

2. 生物防腐剂　通常是从动物、植物和微生物的代谢产物中提取。如乳酸链球菌素、纳他霉素、溶菌酶等。

此外，有些具有防腐作用的物质如糖、食盐、醋等在食品保藏中已广泛使用。此类物质具有一定的营养价值，主要作为调味料或其他用，在我国《食品添加剂使用卫生标准》中不列为防腐剂。

（二）按作用分类

按作用可分为杀菌剂和抑菌剂。杀菌剂是指具有杀死微生物作用的食品添加剂，抑菌剂是指能抑制微生物生长繁殖的食品添加剂。

但杀菌剂和抑菌剂的作用常常不易严格区分。例如，同一物质，浓度高时可杀菌，而浓度低时只能抑菌；作用时间长可杀菌，缩短作用时间则只能抑菌；由于各种微生物性质不同，同一物质对一种微生物具有杀菌作用，而对另一种微生物仅有抑菌作用，两者并无绝对严格的界限。

三、食品防腐剂必须具备的条件

（1）符合食品卫生标准。

（2）安全、毒副作用小。

（3）性质稳定，不与食品成分发生不良化学反应。

（4）防腐效果好，在低浓度下仍然有抑菌作用。

（5）本身无刺激异味。

（6）使用方便，价格合理。

四、食品防腐剂使用注意事项

（1）应保证食品灭菌完全后再添加防腐剂，否则防腐剂将起不到理想的防腐效果。如山梨酸钾可被微生物利用，成为微生物繁殖的营养源。

（2）应了解各类防腐剂的毒性和使用范围，按照安全使用量和使用范围进行添加。防腐剂应尽早加入，这样防腐效果好，而且需要加入的量少。

（3）应了解各类防腐剂的有效使用环境，如酸性防腐剂只能在酸性环境中使用，而酯型防腐剂却能在 pH4～8 之间使用，且效果不错。水分活性低，可对防腐剂起增效作用。

（4）应了解各类防腐剂所能抑制的微生物种类，对症下药。比如有些防腐剂对霉菌有效，有的对酵母菌有效。为了克服微生物的耐药性，对一些防腐剂复配使用。

（5）根据各类食品加工工艺的不同，应考虑到防腐剂的价格和溶解性，以及对食品风味是否有影响等因素，综合其优缺点，再灵活添加使用。

（6）防腐剂应有好的分散性。易溶于水的要先溶于水再添加到食品中，难溶于水或不溶于水的要先溶于其他可食用的溶剂。

模块二 常用食品防腐剂

一、苯甲酸及其钠盐

(一)性质

苯甲酸又名安息香酸。苯甲酸纯品为白色有荧光的鳞片状或针状结晶,无臭味或稍带安息香气味。在100℃时迅速升华,在酸性条件下容易随水蒸气挥发,具有吸湿性,易溶于乙醇、乙醚、氯仿等有机溶剂,微溶于水。

苯甲酸钠又名安息香酸钠。苯甲酸钠为白色颗粒或结晶性粉末,无臭或微带安息香气味,味微甜,有收敛性;在空气中稳定,易溶于水。由于苯甲酸难溶于水,故多使用苯甲酸钠。

苯甲酸与苯甲酸钠的防腐效果相同。它们是酸性防腐剂,在碱性介质中无杀菌、抑菌作用;在酸性条件下,对霉菌、酵母和细菌均有抑制作用,尤其对酵母菌抑制效果好,但对产酸菌作用较弱。其防腐最佳 pH 是 2.5~4.0。

(二)防腐机理

苯甲酸及其钠盐是以其未离解的分子发生作用的,未离解的苯甲酸亲油性较大,易穿透细胞膜进入细胞体内,干扰霉菌、细菌等细胞膜的通透性,抑制细胞膜对氨基酸的吸收;进入细胞体内电离酸化细胞内的碱储,并抑制细胞的呼吸酶系统的活性,阻止乙酰辅酶 A 缩合反应,从而起到食品防腐的目的。

(三)安全性

苯甲酸大鼠经口 LD_{50} 为 $2.7~4.44g/kg$,由犬经口 LD_{50} 为 $2g/kg$,其 ADI 为 $0~5mg/kg$。苯甲酸在人体中,9~15h 内有 66%~95%在肝脏内与甘氨酸结合生成马尿酸,而马尿酸对人体无毒害,24h 内就会由肾脏排出,其余部分与葡萄糖醛酸结合,也由尿排出。故一般认为苯甲酸对人体不会产生毒害作用。

(四)应用

我国《食品添加剂使用卫生标准》(GB2760—2011)规定苯甲酸及其盐类的使用剂量为:在食品工业用塑料桶装浓缩果蔬汁内,最大使用量不得超过 2.0g/kg;在果酱(不包括罐头)、果汁(味)型饮料、酱油、食醋中最大使用量 1.0g/kg;在软糖、葡萄酒、果酒中最大使用量 0.8g/kg;在低盐酱菜、酱类、蜜饯,最大使用量 0.5g/kg;在碳酸饮料中最大使用量 0.2g/kg;在复合调味料中最大使用量 0.6g/kg。苯甲酸和苯甲酸钠同时使用时,以苯甲酸计不得超过最大使用量。

二、山梨酸及其钾盐

(一) 性质

山梨酸又名花楸酸。山梨酸纯品为白色针状或粉末状晶体，无臭味或稍带刺激性臭味。山梨酸易溶于乙醇、乙醚、植物油等，难溶于水。耐光、耐热，在空气中不稳定，能被氧化分解而失效。

山梨酸钾为无色至白色鳞片状结晶或结晶性粉末，无臭或稍有臭味。在空气中不稳定，能被氧化着色，有吸湿性。易溶于水、乙醇。由于山梨酸难溶于水，故多使用山梨酸钾。

山梨酸与山梨酸钾的防腐效果相同。它们是酸性防腐剂，在碱性介质中无杀菌、抑菌作用；在酸性条件下，对防止霉菌的生长特别有效，对嫌气性菌、芽孢杆菌和嗜酸乳杆菌几乎没有防腐作用。其防腐最佳 pH 是 <5.5。山梨酸与山梨酸钾除用作防腐剂外，还可用作抗氧化剂和稳定剂。

(二) 防腐机理

山梨酸（钾）主要是通过抑制微生物体内的脱氢酶系统，从而达到抑制微生物生长、防腐的作用。其抑制发育的作用比杀菌作用更强，可有效地延长食品的保存时间，并保持食品原有的风味。

(三) 安全性

山梨酸大鼠经口 LD_{50} 为 10.5g/kg，其 ADI 为 0~25mg/kg。山梨酸经口在肠内吸收，它在机体内被同化成水和二氧化碳，约 85% 以 CO_2 的形式从呼气中排出，不会在体内积累，所以几乎无毒，已成为广泛使用的防腐剂。

(四) 应用

我国《食品添加剂使用卫生标准》（GB2760—2011）规定苯甲酸及其盐类的使用剂量为：肉、鱼、蛋、禽类制品最大使用量 0.075g/kg；果、蔬保鲜、碳酸饮料、葡萄酒、预调酒最大使用量 0.2g/kg；胶原蛋白肠衣、低盐酱菜、酱类、蜜饯、果汁（味）型饮料、果冻、含乳饮料最大使用量 0.5g/kg；食品工业用塑料桶装浓缩果汁最大使用量 2.0g/kg；酱油、食醋、果酱、氢化植物油、软糖、鱼干制品、即食豆制食品、糕点、馅、面包、蛋糕、月饼、即食海蜇、乳酸菌饮品、复合调味料、调味糖浆、液体复合调味料、即时笋干最大使用量 1.0g/kg；胶基糖果、方便米面制品、肉灌肠等最大使用量 1.5g/kg。

三、对羟基苯甲酸酯类

对羟基苯甲酸酯类又称尼泊金酯类。作为食品防腐剂的对羟基苯甲酸酯类有：羟基苯甲酸甲酯、羟基苯甲酸乙酯、羟基苯甲酸丙酯、羟基苯甲酸丁酯、羟基苯甲酸异丁酯。我国主要使用乙酯和丙酯。

（一）性质

对羟基苯甲酸乙酯，又名尼泊金乙酯，无色细小结晶或白色结晶性粉末，有轻微特殊香味，稍有涩味。易溶于乙醇、丙二醇和醚，微溶于水。对光热稳定，无吸湿性。

对羟基苯甲酸丙酯，无色细小结晶或白色结晶性粉末，几乎无臭，稍有涩味。易溶于乙醇、丙二醇和丙酮等有机溶剂，难溶于水。

由于对羟基苯甲酸酯类都难溶于水，所以通常是将它们先溶于乙酸、乙醇中，然后使用，为更好发挥防腐作用，最好是将两种或两种以上的该酯类混合使用。

（二）防腐机理

对羟基苯甲酸酯类，破坏微生物的细胞膜，使细胞内的蛋白质变性，并可抑制微生物细胞的呼吸酶系与电子传递酶系的活性。由于它具有酚羟基结构，所以抗细菌性能比苯甲酸、山梨酸都强，对各种霉菌、酵母菌、细菌有效。

（三）安全性

对羟基苯甲酸乙酯，犬经口 LD_{50} 为 5.0g/kg，小鼠经口 LD_{50} 为 5.0g/kg。ADI：0～10mg/kg。

对羟基苯甲酸丙酯，犬经口 LD_{50} 为 6.0g/kg，小鼠经口 LD_{50} 为 3.7g/kg。ADI：0～10mg/kg。

（四）应用

根据《食品添加剂使用卫生标准》（GB 2760—2011），对羟基苯甲酸酯类可用于经表面处理的鲜水果和蔬菜，最大使用量 0.012g/kg；果酱（罐头除外）、醋、酱油、酱及酱制品、耗油、虾油、鱼露、果蔬汁（肉）饮料、风味饮料（包括果味饮料、乳味、茶味及其他味饮料）最大使用量 0.25g/kg；焙烤食品馅料（仅限糕点馅）、碳酸饮料、热凝固蛋制品（如蛋黄酪、松花蛋肠）最大使用量 0.2g/kg。

四、丙酸钠与丙酸钙

（一）性质

丙酸钠为白色结晶或白色晶体粉末或颗粒，无臭或微带特殊臭气，在空气中吸潮，易溶于水，溶于乙醇，微溶于丙酮。

丙酸钙为白色结晶或白色晶体粉末或颗粒，无臭或微带丙酸气味，用作食品添加剂。丙酸钙是一水盐，对光和热稳定。有吸湿性，易溶于水，不溶于乙醇。

它们是酸性防腐剂，对霉菌有良好的抑制效能，但对细菌抑制作用较差，对酵母菌无抑制作用。其防腐最佳 pH 是 5.0。

（二）防腐机理

丙酸钠与丙酸钙在酸性条件下最活泼，产生游离丙酸，具有抗菌作用。

（三）安全性

丙酸钠大鼠经口 LD_{50} 为 6.3g/kg，小鼠经口 LD_{50} 为 5.1g/kg。丙酸钙大鼠经口 LD_{50} 为 3.34g/kg。丙酸是人体正常代谢的中间产物，完全可以被代谢和利用，安全无毒，其 ADI 不作限制性规定。

（四）应用

根据《食品添加剂使用卫生标准》（GB 2760—2011），可用于糕点、面包、豆制品、醋、酱油中，最大使用量 2.5g/kg（以丙酸计）；生面湿制品（生切面、馄饨皮等），最大使用量 0.25g/kg（以丙酸计）；浸泡杨梅，最大使用量 50g/kg（以丙酸计）。

五、其他防腐剂

（一）双乙酸钠

双乙酸钠简称 SDA，又名二醋酸钠，是酸性防腐剂，是一种广谱、高效、无毒的防腐剂，对细菌和霉菌有良好的抑制能力。双乙酸钠大鼠经口 LD_{50} 为 4.96g/kg，小鼠经口 LD_{50} 为 3.31g/kg。

根据《食品添加剂使用卫生标准》（GB 2760—2011）双乙酸钠最高使用量为：基本不含水的脂肪和油、豆干类、豆干再制品、原粮、熟制水产品（可直接食用）、膨化食品为 1.0g/kg；大米为 0.2g/kg；糕点为 4.0g/kg；预制肉制品、熟肉制品为 3.0g/kg；调味品为 2.5g/kg；复合调味料为 10.0g/kg。

（二）脱氢乙酸及其钠盐

脱氧乙酸及其钠盐是酸性防腐剂，具有广谱的抗菌能力，对霉菌和酵母的抗菌能力尤强，浓度为 0.1% 的脱氢乙酸可有效抑制霉菌，抑制细菌的有效浓度为 0.4%。其抗菌作用不受 pH 变化的影响，也不受其他因素的影响。pH 为 5 时抑制霉菌的效果是苯甲酸的 2 倍。脱氢乙酸大鼠经口 LD_{50} 为 1.0g/kg，脱氢醋酸钠大鼠经口 LD_{50} 为 0.57g/kg。

根据《食品添加剂使用卫生标准》（GB 2760—2011），可用于黄油和浓缩黄油、酱渍的蔬菜、盐渍的蔬菜、腌渍的食用菌和藻类、发酵的豆制品、果蔬汁（浆），最大使用量 0.3g/kg；面包、蛋糕、焙烤食品馅料、复合调味料以及表面用挂浆、预制肉制品、熟肉制品，最大使用量 0.5g/kg（以脱氢乙酸计）。

（三）乳酸链球菌素

乳酸链球菌素是乳酸链球菌产生的一种多肽物质，由 34 个氨基酸残基组成，是一种高效、无毒、安全、无副作用的天然食品防腐剂。乳酸链球菌素可抑制大多数革兰氏阳性细菌，并对芽孢杆菌的孢子有强烈的抑制作用，特别是对金黄色葡萄球菌、溶血链球菌、肉毒杆菌作用明显，对革兰氏阴性菌、霉菌、酵母菌无效。

根据《食品添加剂使用卫生标准》（GB2760—2011），乳酸链球菌素可用于乳及乳制品（纯乳、婴儿配方食品、较大婴儿和幼儿配方食品、婴幼儿断奶期食品、病人用特殊食品和孕产妇、乳母配方食品除外）、预制肉制品、熟肉制品、熟制水产品（可直接食用），最高使用量为 0.5g/kg；食用菌和藻类罐头、八宝粥罐头、酱油、酱及酱制品、饮料类（包装饮用水类除外），最高使用量为 0.2g/kg；其他杂粮制品（仅限杂粮灌肠制品）、方便米面制品、蛋制品（改变其物理性状），最高使用量为 0.25g/kg；醋最高使用量为 0.15g/kg。

（四）纳他霉素

纳他霉素是一种多烯烃大环内酯，因为其溶解度很低等特点，通常用于食品的表面防腐。纳他霉素是目前国际上唯一的抗真菌微生物防腐剂。

纳他霉素可以广泛有效的抑制各种霉菌、酵母菌、真菌的生长，又能抑制真菌毒素的产生，但它对细菌、原生动物、病毒无效。

纳他霉素很难溶于水和油脂，很难被人体消化道吸收，大部分摄入的纳他霉素会随粪便排出，对人体无害，并且不会致突变、致癌、致畸、致过敏，是一种无臭、无味、低剂量且安全性高的天然食品防腐剂。

根据《食品添加剂使用卫生标准》（GB 2760—2011），纳他霉素可用于干酪、糕点、酱卤肉制品类、熏肉类、烧肉类、烤肉类、油炸肉类、西式火腿类（熏烤、烟熏、蒸煮火腿）、肉灌肠类、发酵肉制品类、果蔬汁（浆），最高使用量为 0.3g/kg；发酵酒，最高使用量为 0.01g/L；蛋黄酱、沙拉酱，最高使用量为 0.02g/kg，残留量小于 10mg/kg；要求表面使用，混悬液喷雾或浸泡，残留量小于 10mg/kg。

项目三　食品抗氧化剂

食品在生产或储存运输过程中，除受微生物作用发生腐烂变质外，还与空气中的氧气发生氧化反应，导致食品出现油脂酸败、褐变、褪色、产生异味、维生素破坏等品质劣变现象。这不仅降低食品质量和营养价值，甚至一些氧化反应还会产生有害物质，误食这类食品有时甚至会引起食物中毒，危及人体健康。

防止食品氧化变质，除了在食品加工和贮运环节中采取低温、避光、隔绝氧气以及充氮密封包装等物理的方法外还需要配合使用一些安全性高、效果显著的食品抗氧化剂。

模块一 食品抗氧化剂概述

一、食品抗氧化剂的定义

GB2760—2011 定义食品抗氧化剂为：食品抗氧化剂是能防止或延缓食品氧化分解、变质，提高食品稳定性的物质。

二、食品抗氧化剂的分类

食品抗氧化剂种类繁多，主要有以下几种分类方法。

（一）按溶解性分类

1. 油溶性抗氧化剂 可溶于油脂，适用于脂类物质含量较多的食品，用于避免食品中的脂类物质在加工和储运过程中被氧化酸败或分解。常用的有丁基羟基茴香醚、二丁基羟基甲苯、没食子酸丙酯、特丁基对苯二酚、生育酚等。

2. 水溶性抗氧化剂 可溶于水，适用于一般食品，主要用于防止食品氧化变色。如抗坏血酸及其盐类、异抗坏血酸及其盐类、茶多酚、植酸等。

（二）按来源分类

1. 天然抗氧化剂 主要是指从动、植物体或其代谢产物中提取的具有抗氧化能力或诱导抗氧化剂产生的一类物质。如生育酚、L-抗坏血酸、D-异抗坏血酸钠、茶多酚、植酸等。

2. 人工合成抗氧化剂 指通过化学合成的方法得到的抗氧化剂。如叔丁基羟基茴香醚、二丁基羟基甲苯、特丁基对苯二酚、没食子酸丙酯等。

（三）按作用机理分类

按作用机理分类，大概分为自由基吸收剂、金属离子螯合剂、氧清除剂、过氧化物分解剂、酶抗氧化剂、紫外线吸收剂或单线态氧淬灭剂等。

三、食品抗氧化剂的作用机理

由于抗氧化剂种类较多，抗氧化的作用机理也不尽相同，比较复杂，存在着多种可能性。归纳起来，主要有以下几种：

（1）通过抗氧化剂的还原作用，降低食品内部及其周围的氧浓度。

（2）中断氧化过程中的链式反应，阻止氧化过程进一步进行。

（3）破坏、减弱氧化酶的活性，使其不能催化氧化反应的进行。

（4）将能催化及引起氧化反应的物质封闭。

四、食品抗氧化剂应具备的条件

（1）有优良的抗氧化效果。

（2）本身和分解的产物都无毒无害。

（3）稳定性好，与食品可以共存，不影响食品的感官性质（包括色、香、味等）。

（4）使用方便，价格便宜。

五、食品抗氧化剂使用注意事项

（1）正确选择抗氧化剂的种类，充分了解抗氧化剂的性能，必须按照《食品添加剂使用卫生标准》GB2760—2011 的规定选择最适宜的抗氧化剂品种、使用范围及使用量来添加。

（2）正确掌握食品抗氧化剂的使用时机。抗氧化剂只能阻碍氧化反应，延缓食品开始败坏的作用，但不能改变已经变坏的后果。因此，抗氧化剂必须在食品处于新鲜状态和发生氧化变质以前使用，以充分发挥其抗氧化作用。

（3）复配抗氧化剂的使用。由于食品的成分比较复杂，有时使用单一的抗氧化剂很难起到最佳抗氧化作用。这时，可以采用两种或两种以上抗氧化剂复配起来使用，也可以和防腐剂、乳化剂等其他食品添加剂联合使用，还可以与抗氧化增效剂复配使用，使抗氧化效果明显增加。

（4）控制影响抗氧化剂还原性的因素。这些影响因素有光、热、氧、金属离子和抗氧化剂在食品中的分散状态等。紫外光、热可引起并促进氧化反应的进行，铜、铁等重金属离子是促进氧化的催化剂。食品的氧化反应必须有氧的存在才能进行，如果任由食品和大量氧直接接触，即使大量添加抗氧化剂，也很难达到预期的抗氧化效果。

（5）抗氧化剂在食品中用量较少，为使其充分发挥作用，必须将其完全溶解并均匀分散在食品中。

模块二 常用食品抗氧化剂

一、丁基羟基茴香醚

（一）性质

丁基羟基茴香醚简称 BHA，属油溶性化学合成抗氧化剂。本品为白色或微黄色结晶性粉末，具有特异的酚类臭气和刺激性的气味，易溶于乙醇、丙二醇和油脂，不溶于水。BHA 对动物性脂肪的抗氧化作用较之对不饱和植物油更有效，尤其适用于使用动物脂肪的焙烤制品。BHA 能与金属离子反应而变色，所以使用时应避免使用铁、铜容器。BHA 具有一定的挥发性和能被水蒸气蒸馏，故在高温制品中，尤其是在煮炸制品中易损失。

（二）抗氧化机理

BHA 作食品抗氧剂，能阻碍油脂食品的氧化作用，延缓食品开始败坏的时间。

（三）安全性

BHA 是一种很好的抗氧化剂，在有效浓度时安全性较高。大鼠经口 LD_{50} 为 2.2～5g/kg，其 ADI 为 0～0.5mg/kg。

（四）应用

我国《食品添加剂使用卫生标准》（GB2760—2011）中规定：丁基羟基茴香醚可用于食用油脂、油炸食品、干鱼制品、饼干、油炸面制品、速煮米、果仁罐头、腌腊肉制品（如咸肉、腊肉、板鸭、中式火腿、腊肠等）、早餐谷类食品，其最大使用量为 0.2g/kg。胶基糖果的最大使用量为 0.4g/kg。丁基羟基茴香醚与二丁基羟基甲苯、没食子酸丙酯混合使用时，其中丁基羟基茴香醚与二丁基羟基甲苯总量不得超过 0.1g/kg，没食子酸丙酯不得超过 0.05g/kg（使用量均以脂肪计）。此外也可用于胶姆糖配料。

二、二丁基羟基甲苯

（一）性质

二丁基羟基甲苯，简称 BHA，属油溶性化学合成抗氧化剂。本品为无嗅、无味、无毒的白色晶体。不溶于水和稀碱，溶于乙醇及食物油中。与其他抗氧化剂相比，BHT 因其抗氧化能力较强，耐热及稳定性好，无特异臭，遇金属无呈色反应，且价格低廉，所以在我国为主要的抗氧化剂。

（二）抗氧化机理

BHT 能够与自动氧化中的链增长自由基反应，消灭自由基，从而使链式反应中断。BHT 在抗氧化过程中既可以作为氢的给予体，也可以作为自由基俘获剂。由于 2，6 位上有 2 个强力推电子基团，因此，BHT 具有很强的抗氧化效果。

（三）安全性

BHT 的急性毒性比 BHA 高，但无致癌性。大鼠经口 LD_{50} 为 1.7～1.97g/kg，其 ADI 为 0～0.5mg/kg。

（四）应用

我国《食品添加剂使用卫生标准》（GB2760—2011）中规定：BHT 的使用范围及最大使用量与 BHA 大致相同，但 BHT 不可用于杂粮粉食品。BHA 与 BHT 混合使用时，总量不得超过 0.2g/kg（最大使用量均以脂肪计）。此外也可用于胶姆糖配料。

三、特丁基对苯二酚

（一）性质

特丁基对苯二酚，简称 TBHA，属油溶性化学合成抗氧化剂。本品为白色至黄白色结晶性粉末，有极轻微的特殊气味。溶于乙醇、植物油、猪油等，几乎不溶于水。TBHQ 对热稳定，不与铁、铜络合变色，但在见光或碱性条件下可呈粉红色。本品抗氧化效果十分理想，比 BHA、BHT、PG 强 5～7 倍。适用于动植物脂肪和富脂食品，特别适用于植物油中，是色拉油、调和油、高烹油首选的抗氧化剂。

（二）安全性

大鼠经口 LD_{50} 为 0.7～1.0g/kg，其 ADI 为 0～0.2mg/kg。

（三）应用

TBHQ 可用于食用油脂、油炸食品、干鱼制品、饼干、方便面、速煮米、干果罐头、腌制肉制品等。最大使用量为 0.2g/kg。一般建议使用量为油脂总量的 0.01%～0.02%。

四、抗坏血酸及抗坏血酸钠

（一）性质

抗坏血酸及抗坏血酸钠属水溶性化学合成抗氧化剂。抗坏血酸又名维生素 C，白色或略带淡黄色结晶或结晶性粉末，无臭，有酸味。易溶于水，能溶于乙醇。维生素 C 的水溶液的 pH 为 2.5，显酸性，故抗坏血酸不宜用于酸性食品中。

抗坏血酸钠又名维生素 C 钠，白色至黄白色晶体或结晶性粉末，无臭，味微咸。极难溶于乙醇，比 L-抗坏血酸易溶于水。抗坏血酸钠 1g 的生理功能相当于 0.9g 抗坏血酸。抗坏血酸钠可用于酸性食品中。

（二）抗氧化机理

抗坏血酸可以消耗氧，还原高价金属离子，降低食品的氧化还原电势，以防止食品的氧化。

（三）安全性

大鼠经口 LD_{50} 为 5g/kg，其 ADI 为 0～15mg/kg（以抗坏血酸总量计）。

（四）应用

我国《食品添加剂使用卫生标准》（GB2760—2011）中规定：抗坏血酸及抗坏血酸钠作抗氧化剂可用于发酵面制品，最大使用量为 0.2g/kg；啤酒，最大使用量为 0.01～0.02g/kg，果蔬汁饮料，最大使用量为 0.5g/kg。还可作食品营养强化剂。

五、茶多酚

（一）性质

茶多酚，又名维多酚，简称 TP，属水溶性天然抗氧化剂。茶多酚是茶叶中所含的一类多羟基酚类及其衍生物的总称。主要组分是儿茶素类、黄酮类、花黄素类、酚酸类四种。其中儿茶素含量最多，约占茶多酚总量的 60%～80%，故茶多酚常以儿茶素为代表。

茶多酚纯品为淡黄色至褐色略带茶香的水溶液、灰白色粉状固体或结晶，无不良气味，具有涩味。略有吸潮性，易溶于水、乙醇、乙酸乙酯，微溶于油脂。

（二）抗氧化机理

茶多酚中儿茶素分子结构中酚性羟基特有供氢体的活性，能与脂肪酸在自动氧化过程中产生的游离基结合，中断脂肪酸氧化的连锁反应，抑制氢过氧化物的形成，达到抗氧保鲜的目的。

（三）安全性

茶多酚具有很强的抗氧化作用，其抗氧化能力是人工合成抗氧化剂 BHT、BHA 的 2～3 倍，是维生素 E 的 6～7 倍，维生素 C 的 5～10 倍，且用量少，安全无毒。儿茶素对食品中的色素和维生素类有保护作用，使食品在较长时间内保持原有色泽与营养水平，能有效防止食品、食用油类的酸败，并能消除异味。

（四）应用

我国《食品添加剂使用卫生标准》（GB2760—2011）中规定：茶多酚可用于基本不含水的脂肪和油、糕点、焙烤食品馅料（仅限含油脂馅料）、腌腊肉制品（如咸肉、腊肉、板鸭、中式火腿、腊肠等），其最大使用量为 0.4g/kg；卤酱肉制品类，熏、烧、烤肉类，油炸肉类，西式火腿（熏烤、烟熏、蒸煮火腿）类、肉灌肠类，发酵肉制品类，预制水产品（半成品）、熟制水产品（可直接使用）、水产品罐头，其最大使用量为 0.3g/kg；复合调味料、植物蛋白奶，其最大使用量为 0.1g/kg；油炸食品、方便米面制品、即食谷物，其最大使用量为 0.2g/kg；豆奶粉，其最大使用量为 0.8g/kg。

六、其他抗氧化剂

1. 维生素 E 维生素 E 属油溶性天然抗氧化剂，又名生育酚。维生素 E 对动物油脂的抗氧化效果比植物油大。大鼠经口 LD_{50} 为 5g/kg，其 ADI 为 0.15～2mg/kg。

我国《食品添加剂使用卫生标准》（GB2760—2011）中规定：维生素 E 可用于基本不含水的脂肪和油、复合调味料（仅限方便米面制品中的调味酱包及调味油包）、熟制坚果与籽类（仅限油炸坚果与籽类）、油炸面制品、即食谷物、果蔬汁（肉）饮料、蛋白饮料、其他碳酸饮料、非碳酸饮料（包括特殊用途饮料、风味饮料）、茶、咖啡、植物饮料类、蛋白性固体饮料、乳酸菌饮料油炸小食品，其最大使用量为 0.2g/kg，以油脂计。

2. 甘草抗氧化物 甘草抗氧化物属油溶性天然抗氧化剂，是从提取甘草浸膏或甘草酸后的干草渣中提取的一组脂溶性混合物，其主要成分是黄酮类、类黄酮类物质。甘草抗氧化物具有良好的抗氧化作用，其抗氧化效果比人工合成的 PG 更好。

甘草抗氧化物安全性高，大鼠经口 LD_{50} 为 21.5g/kg，其 ADI 为 0.1mg/kg（内蒙古防疫站），无致畸、致突变性。

我国《食品添加剂使用卫生标准》（GB2760—2011）中规定：甘草抗氧物可用于油炸食品、腌制水产品、发酵肉制品类、肉灌肠类、西式火腿（熏烤、烟熏、蒸煮火腿）类、油炸肉类、熏、烧、烤肉类、酱卤肉制品类、腌腊肉制品类（如咸肉、腊肉、板鸭、中式火腿、腊肠等）、饼干、方便米面制品、基本不含水的脂肪和油，其最大使用量为 0.2g/kg（以甘草酸计）。

3. 没食子酸丙酯 没食子酸丙酯，简称 PG，属油溶性化学合成抗氧化剂。GP 对猪油的抗氧化效果强，如果使用时加入柠檬酸会加强抗氧化效果，PG 与 BHA、BHT 混合使用，抗氧化效果会更强。大鼠经口 LD_{50} 为 3.8g/kg，其 ADI 为 0～1.4mg/kg。

我国《食品添加剂使用卫生标准》（GB2760—2011）中规定：PG 的使用范围及最大使用量与 BHA 大致相同，但 PG 不可用于杂粮粉食品和即食谷物，包括碾轧燕麦片。BHA 与 BHT、PG 混合使用时，其中 BHA 与 BHT 总量不得超过 0.1g/kg，PG 不得超过 0.05g/kg（最大使用量均以脂肪计）。

4. 植酸 植酸属水溶性天然抗氧化剂。植酸是从植物种籽中提取的一种有机磷酸类化合物，多与钙、镁构成盐的形式存在。小鼠经口 LD_{50} 为 4.192g/kg。

我国《食品添加剂使用卫生标准》（GB2760—2011）中规定：植酸可用于

基本不含水的脂肪和油、加工水果、加工蔬菜、腌腊肉制品（如咸肉、腊肉、板鸭、中式火腿、腊肠等）、卤酱肉制品类，熏、烧、烤肉类，油炸肉类，西式火腿（熏烤、烟熏、蒸煮火腿）类、肉灌肠类，发酵肉制品类，果蔬汁（肉）饮料，其最大使用量为 0.2g/kg。鲜水产（仅限虾类），按生产需要适量使用，残留量 20mg/kg。

项目四　食品护色剂与漂白剂

模块一　食品护色剂

一、食品护色剂概述

（一）食品护色剂的定义

食品护色剂又称食品发色剂，是指能与肉及肉制品中的呈色物质发生作用，使之在食品加工、保藏等过程中不致分解、破坏，呈现良好色泽的物质。

在使用食品护色剂的同时，往往还会加入一些物质来促进护色。这些与护色剂配合使用可以明显提高发色效果，同时可降低发色剂的用量而提高其安全性的物质，称为护色助剂。常用的护色助剂有：L-抗坏血酸（维生素 C）、烟酰胺（VB3）。

（二）食品护色剂的机理作用

在肌肉组织中，分布有大量的肌红蛋白（70％～80％）和少量的血红蛋白（20％～30％）。屠宰放血后的胴体肉中 90％以上是肌红蛋白。肌红蛋白和血红蛋白都含有血红素，血红素中有二价铁。新鲜肉在空气中放置，肌红蛋白可以与氧气结合，形成氧合肌红蛋白，肉色泽鲜红，此时的铁仍为二价。当肌红蛋白继续氧化，二价铁被氧化成三价铁，生成高铁肌红蛋白，肉的颜色变褐色。

在肉中加入亚硝酸盐，亚硝酸盐所产生的一氧化氮与肉类中的肌红蛋白和血红蛋白结合，生成一种具有鲜红色的亚硝基肌红蛋白和亚硝基血红蛋白，肉在加工过程中受热，亚硝基肌红蛋白发生变性，生成粉红色的亚硝基血色原，此化合物性质稳定，从而使肉制品呈现持久的鲜红色。硝酸盐则需在食品加工中被细菌还原生成亚硝酸盐后再起作用。

二、常用的食品护色剂

普通食品常用的护色剂有：亚硝酸钠、亚硝酸钾、硝酸钠、硝酸钾。亚硝酸盐具有一定毒性，尤其可与胺类物质生成强致癌物亚硝胺，但由于它除可护色外，还同时具有防腐，尤其是防止肉毒梭菌中毒，以及增强肉制品风味的作用，直到目前为止，还没有找到某种适当的物质能取而代之，所以各国都在保证安全和产品质量的前提下严格控制使用。

（一）亚硝酸钠

1. 性质　亚硝酸钠为白色至淡黄色粒状结晶或粉末，无臭，味微咸，有吸潮性，易溶于水，微溶于乙醇及乙醚，水溶液呈碱性，有毒。在空气中可吸收氧而逐渐变为硝酸钠。

2. 安全性　亚硝酸钠有较强毒性，亚硝酸盐不仅是致癌物质，而且人体摄入 0.2～0.5g 即可引起食物中毒，摄入 3g 就可能致死。

亚硝酸钠 ADI 值为 0～0.07mg/kg 体重（以亚硝酸根离子计；但不适用于 3 月龄以下婴儿；FAO/WHO，2001）。

3. 应用　我国《食品添加剂使用卫生标准》（GB 2760—2011）规定：亚硝酸钠可用于腌腊肉制品类（如咸肉、腊肉、板鸭、中式火腿、腊肠等）、酱卤肉制品类、熏、烧、烤肉类、西式火腿类、肉灌肠类、发酵肉制品类，最大使用量为 0.15g/kg（以亚硝酸钠计）。亚硝酸钠不应加入婴幼儿食品中。

（二）硝酸钠

1. 性质　硝酸钠为无色透明或白微带黄色菱形晶体。其味苦咸，无臭，易溶于水，微溶于甘油和乙醇中，易潮解。有氧化性，与有机物摩擦或撞击能引起燃烧或爆炸。有毒。

2. 安全性　硝酸钠 ADI 值为每千克体重 0～3.7mg（以硝酸根离子计；但不适用于 3 月龄以下婴儿；FAO/WHO，2001）

3. 应用　我国《食品添加剂使用卫生标准》（GB2760—2011）规定：硝酸钠可用于腌腊肉制品类（如咸肉、腊肉、板鸭、中式火腿、腊肠等）、酱卤肉制品类、熏、烧、烤肉类、西式火腿类、肉灌肠类、发酵肉制品类，最大使用量为 0.5g/kg。硝酸钠不应加入婴幼儿食品中。

模块二　漂　白　剂

一、漂白剂概述

（一）漂白剂的定义

漂白剂是指能够破坏、抑制食品的发色因素，使其褪色或使食品免于褐变的物质。

（二）漂白剂的分类

按作用机理的不同，漂白剂可分为氧化型漂白剂和还原型漂白剂。

1. 氧化型漂白剂　通过氧化分解食品中的发色、呈色成分，达到漂白的目的。此种漂白剂作用较强烈，在使食品色素褪色的同时也会破坏食品中的营养成分，而且残留量较大。随着国家对食品安全的重视度的提高，在GB2760—2011 中已把过氧化苯甲酰、过氧化钙等氧化性漂白剂删除，禁止在面粉等食物中使用。

2. 还原型漂白剂　是利用发色、呈色物质受还原作用而褪色。此种漂白剂作用比较缓和，具有一定的还原能力，食品中的色素在还原剂的作用下形成无色物质而消除色泽，但是被其漂白的色素物质在空气中可能再被氧化，重新显色。我国允许使用的还原型漂白剂均为亚硫酸盐类，主要包括硫黄、二氧化硫、亚硫酸氢钠、亚硫酸钠、焦亚硫酸钠、焦亚硫酸钾、低亚硫酸钠（保险粉）7 种。

（三）漂白剂使用注意事项

（1）食品中残留的 SO_2 量不得超过标准，否则食品有 SO_2 臭味，影响口感和产品性状。

（2）亚硫酸盐类溶液易分解失效，最好现配现用。固体也易和氧气发生缓慢的氧化反应，故需要密闭保存。

（3）为了避免金属离子的干扰，可与金属离子螯合剂合用，以防 Fe、Cu等重金属使还原的色素氧化变色而降低漂白剂的效力。

（4）亚硫酸盐渗入水果组织后，若不把水果破碎，只用简单的加热方法是不能除净 SO_2 的，所以用亚硫酸盐处理过的水果只限于制作果干、果脯、果汁饮料和果酱等，不能作为整形罐头原料，而且残留量大的 SO_2 对罐壁腐蚀严重。

（5）亚硫酸盐漂白剂除具有漂白作用外，亚硫酸盐作为强还原剂，对多酚氧化酶有很强的抑制作用，可以起到防褐变作用。同时亚硫酸盐能与葡萄糖进行加成反应，阻止发生糖氨反应。另外，亚硫酸盐可消耗食品组织中的氧，起脱氧作用。

二、常用的漂白剂

（一）二氧化硫

1. 性质　二氧化硫又名亚硫酸酐，为强还原剂。常温下为无色有刺激性气味的有毒气体，密度比空气大，易液化，易溶于水和乙醇，与水化合生成亚硫酸，亚硫酸不稳定，易分解放出二氧化硫。二氧化硫主要来源于煤和石油的燃烧，浓度高时使人呼吸困难，甚至死亡。

2. 安全性 二氧化硫在空气中的浓度达 0.04%～0.05%时，人就会中毒。ADI 值为 0～0.7mg/kg 体重（以 SO_2 计，包括 SO_2 和亚硫酸盐的总 ADI 值；FAO/WHO，2001）。

3. 应用 我国《食品添加剂使用卫生标准》（GB2760—2011）规定：二氧化硫可用于啤酒和麦芽饮料等最大使用量为 0.01g/kg；食用淀粉最大使用量为 0.03g/kg；淀粉糖最大使用量为 0.04g/kg；经表面处理的鲜水果、蔬菜罐头（仅限竹笋、酸菜）、干制的食用菌和藻类、蘑菇罐头、坚果与籽粒罐头、水磨年糕、冷冻米面制品（仅限风味派）、调味糖浆、半固体复合调味料、果蔬汁、果蔬汁饮料等最大使用量为 0.05g/kg；水果干类、腌渍的蔬菜、可可制品、巧克力和巧克力制品以及糖果、粉丝、粉条、饼干、食糖等最大使用量为 0.1g/kg；干制蔬菜、腐竹类（包括腐竹、油皮等）最大使用量为 0.2g/kg；蜜饯凉果类最大使用量为 0.35g/kg；脱水马铃薯最大使用量为 0.4g/kg；葡萄酒及果酒最大使用量为 0.25g/L；甜型葡萄酒及果酒系列产品最大使用量为 0.4g/L。最大使用量以二氧化硫残留量计，浓缩果蔬汁（浆）按浓缩倍数折算。

（二）硫黄

1. 性质 淡黄色脆性结晶、粉末或片状，有特殊臭味。不溶于水，微溶于乙醇、醚，易溶于二硫化碳。易燃烧。利用其燃烧产生的二氧化硫起到漂白的作用。

2. 安全性 同二氧化硫。

3. 应用 我国《食品添加剂使用卫生标准》（GB2760—2011）规定：硫黄可用于水果干类、粉丝、粉条、食糖等最大使用量为 0.1g/kg；干制蔬菜最大使用量为 0.2g/kg；蜜饯凉果类最大使用量为 0.35g/kg；经表面处理的鲜食用菌和藻类最大使用量为 0.4g/kg。硫黄仅限于熏蒸，最大使用量以二氧化硫残留量计。

（三）焦亚硫酸钠和亚硫酸氢钠

焦亚硫酸钠又名偏重亚硫酸钠，为白色或黄色结晶粉末或小结晶，带有强烈的 SO_2 气味，易溶于水，水溶液呈酸性，溶于甘油，微溶于乙醇。受潮易分解，露置空气中易氧化成硫酸钠，与强酸接触则放出 SO_2 而生成相应的盐类。

亚硫酸氢钠为白色结晶性粉末。有二氧化硫的气味。暴露空气中失去部分二氧化硫，同时氧化成硫酸盐。易溶于水，几乎不溶于乙醇、乙醚。水溶液呈酸性，具有强还原性。接触酸或酸气能产生有毒气体。受高热分解放出有毒的气体。具有腐蚀性。

焦亚硫酸钠和亚硫酸氢钠呈可逆反应，一般市售品为二者的混合物，但主要成分是焦亚硫酸钠。

其毒理性、使用范围及使用量同二氧化硫。

项目五　食品着色剂

模块一　食品着色剂概述

食品的颜色是食品的主要表观特征之一，它能刺激人们的视觉，引起条件反射，能增进食欲；它也是鉴别食品品质优劣、做出初步判别的基础。长期以来人们已经对食品的颜色有了固有的观念，因此颜色对人的影响不仅仅是视觉上的，而且赋予人们对食品品种、品质优劣、新鲜与否的联想。所以，为了保持或改善食品的色泽，在食品加工中往往需要对食品进行人工着色。

一、食品着色剂的定义：

食品着色剂就是赋予食品色泽和改善食品色泽的食品添加剂，也称食用色素。

二、着色剂的分类

(一) 按来源分类

1. 天然着色剂　主要是从动、植物组织中或微生物中提取的色素，绝大多数来自植物组织，尤其是水果、蔬菜，此外还包括少量无机色素。天然着色剂具有较高的安全性，着色色调比较自然，但成本高，色彩易受金属离子、水质、pH、氧化、光照、温度的影响，着色力弱，容易变质，着色剂间的相溶性较差，一般较难分散，难以调出任意色调，一些品种还有异味。

2. 合成着色剂　主要指用人工合成方法所制得的有机色素。合成着色剂的着色力强、色泽鲜艳、不易褪色、稳定性好、易溶解、易调色、成本低，但安全性低。

(二) 按溶解性分类

1. 水溶性着色剂　水溶性着色剂较易排出体外，毒性较小，目前多用此。合成着色剂有胭脂红、柠檬黄等。天然着色剂有甜菜红、花青素等。

2. 脂溶性着色剂　脂溶性着色剂不溶于水。如天然着色剂辣椒红素等。合成的脂溶性着色剂，进入人体不易排出，毒性较大，各国基本不再用于食品着色，我国允许使用的合成色素只有 β-胡萝卜素是油溶性的。

三、食品着色剂使用的注意事项

（1）使用食品着色剂时应注意务必使用经国家批准的食用色素，使用量和使用范围也应符合国家规定的标准。

（2）称量准确，以免形成色差。对于同种颜色的着色剂，品种不同，色泽不同。必须通过试验确定换算用量后再大批量使用。

（3）食品着色剂粉末不易在食品中分布均匀，一定要配成溶液再使用。配制溶液要使用蒸馏水或冷开水，以避免钙、镁离子引起色素沉淀。调配食品或贮存食品的容器，应采用玻璃、搪瓷、不锈钢等耐腐蚀的清洁容器具，避免与铜、铁器接触。尽可能不用金属器皿。最好现配现用。

（4）染色要适度。色调的选择和拼色色调的选择应考虑大众对食品的色、香的认可，即使未超过使用标准，也不要将食品染得过于鲜艳，而要掌握住分寸，尤其要注意符合自然和均匀统一。

（5）使用混合着色剂时，要用溶解性、浸透性、染着性等性质相近的着色剂，并防止褪色与变色的情况发生。

（6）为了加强天然着色剂的稳定性，使用时可加入保护剂，如胡萝卜素耐光性较差，应与维生素 C、维生素 B 一起使用。对易受金属离子影响的天然着色剂，要与金属螯合剂同用。

（7）天然着色剂因含杂质较多，使用时易沉淀，所以一般在使用前应采取过滤、离心分离等措施。

（8）为避免加工过程对天然着色剂的影响，最好在最后的工序中加入。

（9）天然着色剂应避光保存，保存环境要干燥、阴凉。

模块二　常用食品着色剂

一、焦糖色素

焦糖色素又称为焦糖色或酱色，是糖类物质在高温下发生美拉德反应和焦糖化褐变反应，经脱水、分解和聚合而成的复杂混合物。焦糖色素是人类使用历史最悠久的食用色素之一。按生产方法分为四类：普通焦糖、苛性亚硫酸盐焦糖、氨法焦糖、亚硫酸铵法焦糖。

焦糖色素为深褐色或黑色黏稠液体或固体粉末，易溶于水和稀乙醇，稀释一定浓度的水溶液为红棕色。

非氨法焦糖未见毒性，ADI 不需指定；氨法焦糖 LD_{50}，小白鼠经口＞10g/kg，大白鼠经口＞1.9g/kg；ADI 暂定为 0～200mg/kg 体重。

我国《食品添加剂使用卫生标准》（GB2760—2011）中规定：焦糖色可用于调制炼乳、冷冻饮品（食用冰除外）、可可制品、巧克力和巧克力制品以及糖果、面糊、裹粉、煎炸粉、即食谷物，包括碾轧燕麦、饼干、调味糖浆、醋、酱油、酱及酱制品、复合调味品、果蔬汁（肉）饮料、含乳饮料、果味饮料、鸡精饮料、白兰地、配制酒、调香葡萄酒、黄酒、啤酒、麦芽饮料、果冻等，可按生产需要适量使用。

二、红曲米与红曲红

红曲米又称红曲、赤曲、红米、福米。红曲最早发明于中国，已有1 000多年的生产、应用历史。以籼稻、粳稻、糯米等稻米为原料，用红曲霉菌发酵而成，为棕红色或紫红色米粒。

红曲红又称红曲红色素、红曲米色素等，是指将红曲米用乙醇抽提得到的液体红曲色素或从红曲霉的深层培养液中提取、结晶、精制得到的产物。

红曲红是深紫红色液体或粉末或糊状物，易溶于中性或弱碱性水，极易溶于乙醇、丙二醇、丙三醇及它们的水溶液。溶液为薄层时为鲜红色，厚层时带黑褐色并有荧光。

红曲米为传统发酵食品，长期食用的历史足以证明其无毒；红曲红经小白鼠口服证明几乎无毒，腹腔注射 LD_{50}＞7g/kg。

我国《食品添加剂使用卫生标准》（GB2760—2011）中规定：红曲米和红曲红可用于调制乳、调制炼乳、冷冻饮品（食用冰除外）、果酱、腌渍的蔬菜、蔬菜泥、腐乳类、熟制糖果与籽粒、糖果、装饰糖果、方便米面制品、粮食制品馅料、饼干、腌腊肉制品类、熟肉制品、果味饮料、调味糖浆、调味品（盐及代盐制品除外）、果蔬汁饮料、蛋白饮料类、碳酸饮料、配制酒、膨化食品、果冻等，可按生产需要适量使用，风味发酵乳最大使用量 0.8g/kg，糕点最大使用量 0.9g/kg，焙烤食品及表面用挂浆最大使用量 1g/kg。固体饮料可按稀释倍数增加使用量。目前，我国使用红曲红替代或部分替代毒性较强的亚硝酸钠在火腿肠中使用已进入正轨。

三、姜黄素

姜黄素又称姜黄色素，是从多年生草本植物姜黄的块茎中提取得到的黄色色素。

姜黄素橙黄色结晶性粉末，具有姜黄特有的香辛气味。不溶于水，可溶于乙醇和丙二醇，易溶于冰乙酸和碱性溶液。在中性或酸性条件下呈黄色，碱性条件下呈红褐色。

ADI 暂定为每千克体重 0~0.1mg。

我国《食品添加剂使用卫生标准》（GB2760—2011）中规定：姜黄素可用于人造黄油及类似制品、油炸坚果与籽粒、粮食制品馅料、膨化食品可按生产需要适量使用；可可制品、巧克力和巧克力制品以及糖果、果冻、碳酸饮料等最大使用量 0.01g/kg；复合调味品面糊最大使用量 0.1g/kg；冷冻饮品（食用冰除外）等最大使用量 0.15g/kg；裹粉、面糊、煎炸粉等最大使用量 0.3g/kg；装饰糖果、方便米面制品、调味糖浆等最大使用量 0.5g/kg；胶基糖果等最大使用量 0.7g/kg；固体饮料可按稀释倍数增加使用量。

四、β-胡萝卜素

胡萝卜素主要存在于深绿色或红黄色的蔬菜和水果中，胡萝卜素在动物体内可转变成视黄醇（维生素 A）和视黄醛（维生素 A 醛），在保护视力方面具有重要功效。

β-胡萝卜素为紫红色或暗红色晶体粉末。不溶于水，溶于油脂和乙醇溶液。稀溶液呈橙黄或黄色，浓度增大时呈橙色至橙红色。

β-胡萝卜素是食物的正常成分，安全性高，ADI 为每千克体重 0~5mg。

我国《食品添加剂使用卫生标准》（GB2760—2011）中规定：β-胡萝卜素可在除 GB2760—2011 表 A.3 所列食品类别外的各类食品中按生产需要适量使用。

五、辣椒红

辣椒红又名辣椒红色素，是以红辣椒果实为原料，萃取而制得的粉末状天然色素或者为深红色油状液体色素。不溶于水，溶于乙醇，可任意溶于食用油中。着色力强，色调随稀释浓度不同由浅黄色至橙红色。

辣椒红安全性高，小白鼠经口 LD_{50}＞每千克体重 75g；暂无 ADI 值。

我国《食品添加剂使用卫生标准》（GB2760—2011）中规定：辣椒红可用于人造黄油及类似制品、冷冻饮品（食用冰除外）、腌渍的蔬菜、油炸坚果与籽粒、可可制品、巧克力和巧克力制品以及糖果、裹粉、面糊、煎炸粉、方便米面制品、粮食制品馅料、糕点、饼干、腌腊肉制品类、熟肉制品、冷冻鱼糜制品、调味品（盐及代盐制品除外）、果蔬汁饮料、蛋白饮料类、果冻、膨化食品等可按生产需要适量使用；冷冻米面制品最大使用量 2.0g/kg；糕点最大使用量 0.9g/kg；焙烤食品馅料及表面挂浆最大使用量 1.0g/kg；调理肉制品最大使用量 0.1g/kg；固体饮料可按稀释倍数增加使用量。

六、栀子黄

栀子黄色素为栀子果实提取物，是一种橙红色液体或黄色至橙黄色结晶粉末。易溶于水，溶于乙醇和丙二醇，不溶于油脂。

我国民间用栀子泡茶饮用已有上千年的历史，动物实验也未发现中毒现象，安全性较高。

我国《食品添加剂使用卫生标准》（GB2760—2011）中规定：栀子黄可用于冷冻饮品（食用冰除外）、蜜饯类、坚果与籽粒罐头、可可制品、巧克力和巧克力制品以及糖果、生干面制品、果蔬汁饮料、果味饮料、果冻、配制酒、膨化食品等最大使用量 0.3g/kg；人造黄油及类似制品、腌渍的蔬菜、油炸坚果与籽粒、方便米面制品、粮食制品馅料、饼干、禽肉熟制品、调味品（盐及代盐制品除外）、固体饮料类等最大使用量 1.5g/kg；糕点最大使用量 0.9g/kg；生湿面制品、焙烤食品馅料及表面挂浆最大使用量 1.0g/kg；调理肉制品最大使用量 0.1g/kg。

七、甜菜红

甜菜红又名甜菜根红，甜菜红色素是以食用红甜菜为原料，通过浸提、分离、浓缩、干燥而制得的天然色素，甜菜红为红紫至深紫色液体、块或粉末，易溶于水，不溶于无水乙醇，水溶液呈红色至红紫色。

甜菜红安全性高，ADI 值无须规定。

我国《食品添加剂使用卫生标准》（GB2760—2011）中规定：甜菜红可在各类食品中按生产需要适量使用。

八、红花黄

红花黄是以菊科植物红花的花瓣为原料，利用现代的生物技术提取而成的天然色素。红花黄为黄色粉末，易溶于水、稀乙醇。不溶于乙醚、石油醚、油脂等。0.02％水溶液呈鲜艳黄色，随色素浓度增加，色调由黄色转向橙黄色。

红花黄安全性高，ADI 值暂时无规定。

我国《食品添加剂使用卫生标准》（GB2760—2011）中规定：红花黄可用于冷冻饮品、腌渍的蔬菜、油炸坚果与籽粒、方便米面制品、粮食制品馅料、腌腊肉制品、调味品、膨化食品、水果罐头、蜜饯类、装饰性果蔬、蔬菜罐头、糖果、八宝粥罐头、糕点、果蔬汁（肉）饮料、碳酸饮料、果味饮料、果冻、配制酒中。

九、紫胶红

紫胶红又称虫胶红，是寄生于蝶形花科、梧桐科等植物上的小昆虫——紫胶虫的雌虫分泌物（紫胶原胶）中所含的红色素。紫胶红为鲜红色或紫红色粉末或液体，微溶于水、乙醇和丙二醇，而且纯度越高，在水中的溶解度越低。色调随环境 pH 变化而变化，在 pH 小于 4.0 时呈橙黄色；pH 为 4.0～5.0时，呈鲜红色；pH 大于 6.0 时，呈紫红色，当强碱 pH 大于 12 时放置，则褪色。

大鼠经口 LD_{50} 为 1.8g/kg。

我国《食品添加剂使用卫生标准》（GB2760—2011）中规定：紫胶红可用于果酱、可可制品、巧克力和巧克力制品以及糖果、焙烤食品馅料及表面挂浆（仅限风味派馅料）、果蔬汁饮料、复合调味料、碳酸饮料、果味饮料、配制酒等最大使用量 0.5g/kg；紫胶红可用于果蔬饮料、碳酸饮料、乳酸饮料、糖浆、番茄制品、果酱、冷饮、糖果、火腿、香肠、鱼糕及烘烤食品，使用量为0.5g/kg。固体饮料可按稀释倍数增加使用量。

十、苋菜红

苋菜红又名食用红色 2 号，为水溶性着色剂。苋菜红为红褐色或暗红褐色均匀粉末或颗粒，无臭。易溶于水，呈带蓝光的红色溶液。0.01％水溶液为玫瑰红色。

小白鼠口服 LD＞每千克体重 10g；大鼠腹腔注射＞1g/kg；ADI 值为每千克体重 0～0.5mg。

我国《食品添加剂使用卫生标准》（GB2760—2011）中规定：苋菜红可用于蜜饯类、腌渍的蔬菜、可可制品、巧克力和巧克力制品以及糖果、糕点、焙烤食品馅料及表面挂浆（仅限饼干夹心）、果蔬汁（肉）饮料、碳酸饮料、果味饮料、固体饮料、配制酒、果冻等最大使用量 0.05g/kg；冷冻饮品（食用冰除外）最大使用量 0.025g/kg；装饰性果蔬等最大使用量 0.1g/kg；固体汤料最大使用量 0.2g/kg；果酱、水果调味糖浆最大使用量 0.3g/kg（以苋菜红计）。

十一、胭脂红

胭脂红又食用红色 7 号，为水溶性着色剂。胭脂红为红色至深红色均匀粉末或颗粒，无臭。易溶于水，呈红色溶液，难溶于乙醇，不溶于油脂。

ADI 值为每千克体重 0～4mg，无致癌、致畸作用，绝大多数国家允许使用。

我国《食品添加剂使用卫生标准》（GB2760—2011）中规定：胭脂红可用于冷冻饮品（食用冰除外）、蜜饯类、腌渍的蔬菜、可可制品、巧克力和巧克力制品以及糖果（装饰糖果、顶饰和甜汁除外）、糕点、焙烤食品馅料及表面挂浆（仅限饼干夹心和蛋糕夹心）、果蔬汁（肉）饮料、碳酸饮料、果味饮料、含乳饮料、配制酒、果冻、膨化食品、虾味片、调制乳、风味发酵乳、调制炼乳等最大使用量 0.05g/kg；蛋卷最大使用量 0.01g/kg；装饰性果蔬、水果罐头、糖果和巧克力制品包衣等最大使用量 0.1g/kg；植物蛋白饮料、胶原蛋白肠衣、可食用动物肠衣类最大使用量 0.025g/kg；果酱、水果调味糖浆、半固体复合调味料（蛋黄酱、沙拉酱除外）最大使用量 0.5g/kg；调制乳粉和调制奶油粉最大使用量 0.15g/kg；蛋黄酱、沙拉酱、调味糖浆等最大使用量 0.2g/kg（以胭脂红计）。

十二、柠檬黄

柠檬黄又名食用黄色 4 号，为水溶性着色剂。

柠檬黄为橙黄色粉末或颗粒，无臭。易溶于水。易着色，坚牢度高。

柠檬黄安全度比较高，基本无毒，不在体内贮积，绝大部分以原形排出体外，少量可经代谢，其代谢产物对人无毒性作用。

小白鼠口服 LD_{50} 为每千克体重 12.75g；大鼠腹腔注射 $>2g/kg$，经口 $LD_{50} >$ 每千克体重 5g；ADI 值为每千克体重 0.75mg。

我国《食品添加剂使用卫生标准》（GB2760—2011）中规定：柠檬黄可用于冷冻饮品（食用冰除外）、焙烤食品馅料及表面挂浆（仅限饼干夹心和蛋糕夹心）、果冻、风味发酵乳、调制炼乳等最大使用量 0.05g/kg；蛋卷最大使用量 0.04g/kg；谷类和淀粉类甜品最大使用量 0.06g/kg；即食谷物，包括碾轧燕麦片等最大使用量 0.08g/kg；蜜饯类、装饰性果蔬、腌渍的蔬菜、熟制豆类、可可制品、巧克力和巧克力制品以及糖果（可可制品除外）、加工坚果与籽粒、虾味片、香辛料酱、配制酒、糕点、膨化食品等最大使用量 0.1g/kg；液体复合调味料最大使用量 0.15g/kg；果酱、水果调味糖浆、半固体复合调味料最大使用量 0.5g/kg；粉圆、固体复合调味料最大使用量 0.2g/kg；除胶基糖果以外的其他糖果、面糊、裹粉、煎炸粉、焙烤食品馅料及表面挂浆（仅限布丁、糕点）、其他调味糖浆等最大使用量 0.3g/kg。

十三、日落黄

日落黄又名食用黄色 3 号，为水溶性着色剂。日落黄为橙红色粉末或颗粒，无臭。易溶于水，甘油、丙二醇，微溶于乙醇，不溶于油脂，中性和酸性水溶液呈橙黄色，在柠檬酸、酒石酸中稳定，遇浓硫酸呈红光橙色。易着色，坚牢度高。

大鼠经口 LD_{50} ＞每千克体重 2g；ADI 值为每千克体重 $0\sim2.5$mg。长期的动物实验证明，日落黄有很高的安全性。

我国《食品添加剂使用卫生标准》（GB2760—2011）中规定：日落黄可用于风味发酵乳、调制炼乳、调制乳、含乳饮料等最大使用量 0.05g/kg；瓜酱罐头、蜜饯类、熟制豆类、可可制品、巧克力和巧克力制品以及糖果、加工坚果与籽粒、虾味片、焙烤食品馅料及表面挂浆（仅限饼干夹心）、糕点上彩装、配制酒、膨化食品、果蔬汁（肉）饮料、碳酸饮料、果味饮料、乳酸菌饮料、植物蛋白饮料等最大使用量 0.1g/kg；装饰性果蔬、粉圆、固体复合调味料、糖果和巧克力制品包衣等最大使用量 0.2g/kg；谷类和淀粉类甜品最大使用量 0.02g/kg；果冻最大使用量 0.025g/kg；冷冻饮品（食用冰除外）最大使用量 0.09g/kg；果酱、水果调味糖浆、半固体复合调味料最大使用量 0.5g/kg；除胶基糖果以外的其他糖果、面糊、裹粉、煎炸粉、焙烤食品馅料及表面挂浆（仅限布丁、糕点）、其他调味糖浆等最大使用量 0.3g/kg。固体饮料类最大使用量 0.6g/kg（以日落黄计）。

十四、亮蓝

亮蓝又名食用蓝色 2 号，为水溶性着色剂。亮蓝为带金属光泽的红紫色粉末或颗粒，无臭。易溶于水，呈绿光蓝色溶液。溶于乙醇、丙二醇、甘油，不溶于油脂。可与柠檬黄配成绿色色素。亮蓝染着力极高。

大鼠经口 LD_{50} ＞每千克体重 2.5g；ADI 值为每千克体重 $0\sim12.5$mg。

我国《食品添加剂使用卫生标准》（GB2760—2011）中规定：亮蓝可用于风味发酵乳、调制炼乳、冷冻饮品（食用冰除外）、凉果类、腌渍的蔬菜、熟制豆类、加工坚果与籽粒、虾味片、焙烤食品馅料及表面挂浆（仅限饼干夹心）、果蔬汁（肉）饮料、碳酸饮料、调味糖浆、配制酒、果冻、风味饮料、含乳饮料等，最大使用量 0.025g/kg；香辛料及粉、香辛料酱最大使用量 0.01g/kg；即食谷物最大使用量 0.015g/kg；饮料类（包装饮用水除外）最大使用量 0.02g/kg；焙烤食品馅料及表面挂浆、膨化食品、熟制坚果与籽粒最大使用量 0.05g/kg；果酱、水果调味糖浆、半固体复合调味料最大使用量 0.5g/kg；装饰性果蔬、粉圆等最大使用量 0.1g/kg；固体饮料类最大使用量 0.2g/kg；可可制品、巧克力和巧克力制品以及糖果最大使用量 0.3g/kg；果酱、水果调味糖浆、半固体复合调味料最大使用量 0.5g/kg（以亮蓝计）。

十五、靛蓝

靛蓝又名食用蓝色 1 号，为水溶性着色剂。靛蓝为深蓝紫色粉末，无臭。对水的溶解度较其他合成色素低，0.05％水溶液呈蓝色，微溶于乙醇、甘油和丙二醇，不溶于油脂。着色力强。

靛蓝是一种具有 3 000 多年历史的还原染料，安全性较高。小鼠经口 LD_{50}＞每千克体重 2.5g；ADI 值为每千克体重 0～2.5mg。

我国《食品添加剂使用卫生标准》（GB2760—2011）中规定：靛蓝可用于蜜饯凉果类、可可制品、巧克力和巧克力制品以及糖果、糕点、焙烤食品馅料及表面挂浆、果蔬汁（肉）饮料、碳酸饮料、风味饮料、配制酒等最大使用量 0.1g/kg；腌渍的蔬菜最大使用量 0.01g/kg；膨化食品、熟制坚果与籽粒最大使用量 0.05g/kg；装饰性果蔬等最大使用量 0.2g/kg；除胶基糖果以外的其他糖果最大使用量 0.3g/kg（以靛蓝计）。

十六、叶绿素铜钠盐

叶绿素广泛存在于一切绿色植物中，现在多以植物（如菠菜等）或干燥的蚕沙为原料提取出叶绿素，经过皂化、铜化等反应，并经过精制、提纯得到天然叶绿素衍生物——叶绿素铜钠盐。

叶绿素铜钠为墨绿色粉末，有金属光泽，具有特殊气味。易溶于水，微溶于乙醇，水溶液为透明的翠绿，随浓度增高而加深至蓝绿色。着色坚牢度强，色彩鲜艳。

ADI 值为每千克体重 0～15mg。经动物试验，表明安全性高。

我国《食品添加剂使用卫生标准》（GB2760—2011）中规定：叶绿素铜钠可用于冷冻饮品，蔬菜罐头、配制酒、果冻最大使用量 0.5g/kg；碳酸饮料、风味饮料（仅限果味饮料）最大使用量 0.3g/kg；果蔬汁（肉）饮料按生产需要适量食用；用于果冻粉，按冲调倍数增加。

项目六 其他食品添加剂

模块一 食品调味剂

调味剂是指改善食品的感官性质，使食品更加美味可口，并能促进消化液的分泌和增进食欲的食品添加剂。食品中加入一定的调味剂，不仅可以改善食品的感观性，使食品更加可口，而且有些调味剂还具有一定的营养价值。

调味剂的种类很多，主要包括酸度调节剂、甜味剂、增味剂、咸味剂等，咸味剂一般使用食盐，我国不作为食品添加剂管理。

一、酸度调节剂

1. 酸度调节剂的定义 酸度调节剂是用以维持或改变食品酸碱度的物质。我国现已批准许可使用的酸度调节剂有：柠檬酸、乳酸、酒石酸、苹果酸、氢氧化钠等 47 种（GB2760—2011），其中柠檬酸为广泛应用的一种酸味剂。

2. 常用的酸度调节剂

（1）柠檬酸。柠檬酸是人体三羧酸循环的重要中间体，参与体内正常的代谢，无蓄积作用。可按生产需要适量用于各类食品。

（2）乳酸。食品工业中使用的是 L-乳酸。L-乳酸在人体内能正常代谢，分解为氨基酸和二羧酸物，几乎无毒。大鼠经口 LD_{50} 为每千克体重 3.73g；ADI 无限制规定。可按生产需要适量用于各类食品。

（3）苹果酸。苹果酸是人体三羧酸的循环中间体，可参与机体正常代谢。可按生产需要适量用于各类食品。

（4）碳酸钠。又名苏打、纯碱、碱面，ADI 无限制规定。可按生产需要适量用于生湿面制品（如面条、饺子皮、馄饨皮、烧麦皮等）、生干面制品。

二、甜味剂概述

1. 甜味剂的定义 甜味剂是以赋予食品甜味为目的而加入的食品添加剂。

2. 常用的甜味剂

（1）糖精钠。我国规定不允许在婴儿食品中使用糖精钠。JECFA 规定糖精钠的 ADI 值为每千克体重 0～5mg。

我国《食品添加剂使用卫生标准》（GB2760—2011）规定：糖精钠可用于冷冻饮品（食用冰除外）、芒果干、无花果干、果酱、蜜饯凉果类、话化类

（甘草制品）、果丹（饼）类、腌渍的蔬菜、新型豆制品（大豆蛋白膨化食品、大豆素肉等）、熟制豆类（五香豆、炒豆）、带壳熟制坚果与籽类、面包、糕点、饼干、复合调味料、饮料类（包装饮用水除外）、配制酒。

（2）甜蜜素。ADI 值为每千克体重 0～11mg（以环己基氨基磺酸计，FAO/WHO，2010）。

我国《食品添加剂使用卫生标准》（GB2760—2011）规定：甜蜜素可用于酱菜、调味酱汁、配置酒、糕点、饼干、面包、雪糕、冰淇淋、冰棍、饮料等，其最大使用量为 0.65g/kg；蜜饯，最大使用量为 1.0g/kg；陈皮、话梅、话李、杨梅干等，最大使用量 8.0g/kg。

（3）安赛蜜。安全性高，联合国 FAO/WHO 联合食品添加剂专家委员会同意安赛蜜用作 A 级食品添加剂，并推荐日均摄入量（ADI）为 0～15mg/kg。

我国《食品添加剂使用卫生标准》（GB2760—2011）规定：安赛蜜可用于冷冻饮品（食用冰除外）、水果罐头、果酱、蜜饯类、腌渍的蔬菜、酱渍的蔬菜、加工食用菌和藻类、八宝粥罐头、面包、糕点、饮料类（包装饮用水除外）、果冻，其最大使用量为 0.3g/kg；调味和果味发酵乳，其最大使用量为 0.35g/kg；调味品最大使用量为 0.5g/kg；餐桌调味料最大使用量为 0.04g/kg；酱油最大使用量为 1.0g/kg；糖果最大使用量为 2.0g/kg；烘焙或炒制坚果与籽粒最大使用量为 3.0g/kg；无糖胶基糖果最大使用量为 4.0g/kg。

（4）木糖醇。是人体糖类代谢的正常中间体。一个健康的人，即使不吃任何含有木糖醇的食物，血液中也含有每 100mg 的木糖醇 0.03～0.06mg。ADI 值不作特殊规定。

我国《食品添加剂使用卫生标准》（GB2760—2011）规定：木糖醇可在除 GB 2760—2011 附表 A.3 所列食品类别之外的各类食品中按生产需要适量使用。

三、增味剂概述

1. 增味剂的定义 增味剂又称风味增强剂，是指补充或增强食品原有风味的物质。我国历来称其为鲜味剂，鲜味不影响任何其他味觉刺激，而只增强其各自的风味特征，从而改进食品的可口性。

2. 常用的食品增味剂

（1）谷氨酸钠。又名谷氨酸一钠，俗称味精，是世界上产量最多、使用量最大的一类增味剂。谷氨酸钠在调味食品中的安全使用时间已经超过 100 年。ADI 值不作限制性规定。

我国《食品添加剂使用卫生标准》（GB2760—2011）规定：谷氨酸钠可在除 GB 2760—2011 附表 A.3 所列食品类别之外的各类食品中按生产需要适量使用。

（2）5'-肌苷酸二钠。大鼠经口 LD_{50} 为每千克体重 14.4g，小鼠经口 LD_{50} 为每千克体重 12.0g，ADI 不作限制性规定（FAO/WHO，1994）。

我国《食品添加剂使用卫生标准》（GB2760—2011）规定：5'-肌苷酸二钠可在除 GB 2760—2011 附表 A.3 所列食品类别之外的各类食品中按生产需要适量使用。

（3）5'-鸟苷酸二钠。LD_{50} 大鼠口服大于每千克体重 10g，ADI 不作限制性规定（FAO/WHO，1994）。

我国《食品添加剂使用卫生标准》（GB2760—2011）规定：可在除 GB 2760—2011 附表 A.3 所列食品类别之外的各类食品中按生产需要适量使用。

模块二　食品营养强化剂

一、食品营养强化剂的定义

我国《食品营养强化剂使用标准》（GB14880—2012）中规定，食品营养强化剂是指为增加食品的营养成分（价值）而加入食品中的天然的或者人工合成的营养素和其他营养成分。

二、常用的营养强化剂

1. 维生素类营养强化剂　维生素是人和动物为维持正常的生理功能而必须从食物中获得的一类微量有机物质，在人体生长、代谢、发育过程中发挥着重要的作用。维生素在人体内的含量很少，但不可或缺。如果长期缺乏某种维生素，就会引起生理机能障碍而发生某种疾病。

（1）维生素 A。又称视黄醇、抗干眼病因子。维生素 A 比较安全，普通膳食不会引起中毒，大多数维生素 A 中毒多是由于补充过量造成的。

我国《食品添加剂使用卫生标准》（GB2760—2011）规定：维生素 A 可以强化的食品及使用量：调味乳 600～1 000μg/kg；调制乳粉（儿童用乳粉和孕产妇用乳粉除外）3 000～9 000μg/kg；调制乳粉（仅限儿童用乳粉）1 200～7 000μg/kg；调制乳粉（仅限孕产妇用乳粉）2 000～10 000μg/kg；植物油、人造黄油及其类似制品 4 000～8 000μg/kg；冰激凌类、雪糕类、大米、小麦粉 600～1 200μg/kg；豆粉、豆浆粉 3 000～7 000μg/kg；豆浆 600～1 400μg/kg；即食谷物，包括碾轧燕麦（片）2 000～6 000μg/kg；西式糕点、饼干 2 330～4 000µg/kg；含乳饮料 300～1 000µg/kg；固体饮料 4 000～17 000µg/kg；果冻 600～1 000µg/kg；膨化食品 600～1 500µg/kg。

（2）维生素 D。又称抗佝偻病维生素，一般由膳食提供的维生素 D 不会引起食物中毒，长期摄入 25µg/d 可引起中毒，成人的建议每日摄取量是 5µg，妊娠期和哺乳期女性应当增加 1 倍左右的摄入量。

我国《食品添加剂使用卫生标准》（GB2760—2011）规定：维生素 D 可以强化的食品及使用量：调制乳粉（儿童用乳粉和孕产妇用乳粉除外）63～125µg/kg；调制乳粉（仅限儿童用乳粉）20～112µg/kg；调制乳粉（仅限孕产妇用乳粉）23～112µg/kg；人造黄油及其类似制品 125～156µg/kg；冰激凌类、雪糕类 10～20µg/kg；豆粉、豆浆粉 15～60µg/kg；豆浆 3～15µg/kg；即食谷物，包括碾轧燕麦（片）12.5～37.5µg/kg；饼干 16.7～33.3µg/kg；含乳饮料、果冻 10～40µg/kg；固体饮料 10～20µg/kg；风味饮料、果蔬汁（肉）饮料（包括发酵型产品等）2～10µg/kg；膨化食品 10～60µg/kg；藕粉 50～100µg/kg；其他焙烤食品 10～70µg/kg。

（3）维生素 B_1。又称硫胺素、抗脚气病维生素，毒性非常低，摄入过量的维生素 B_1 很容易通过肾脏排出，不会贮藏于体内。

我国《食品添加剂使用卫生标准》（GB2760—2011）规定：维生素 B_1 可以强化的食品及使用量：调制乳粉（仅限儿童用乳粉）1.5～14mg/kg；调制乳粉（仅限孕产妇用乳粉）3～17mg/kg；豆粉、豆浆粉 6～15mg/kg；豆浆 1～3mg/kg；即食谷物，包括碾轧燕麦（片）7.5～17.5mg/kg；西式糕点、饼干 3～6mg/kg；含乳饮料 1～2mg/kg；固体饮料 9～22mg/kg；风味饮料 2～3mg/kg；果冻 1～7mg/kg；胶基糖果 16～33mg/kg；面包 3～5mg/kg；大米、小麦、杂粮粉及其制品 3～5mg/kg。

（4）维生素 B_2。称核黄素，毒性非常低，机体对维生素 B_2 的吸收有上限，大剂量摄入并不能引起机体对维生素 B_2 的无限吸收，过量吸收的维生素 B_2 也会很快从尿液中排出。

我国《食品添加剂使用卫生标准》（GB2760—2011）规定：维生素 B_2 可以强化的食品及使用量：调制乳粉（仅限儿童用乳粉）8～14mg/kg；调制乳粉（仅限孕产妇用乳粉）4～22mg/kg；豆粉、豆浆粉 6～15mg/kg；豆浆 1～3mg/kg；即食谷物，包括碾轧燕麦（片）7.5～17.5mg/kg；面包 3～5mg/kg；西式糕点、饼干 3.3～7mg/kg；含乳饮料 1～2mg/kg；固体饮料 9～22mg/kg；风味饮料 2～3mg/kg；果冻 1～7mg/kg；胶基糖果 16～33mg/kg；大米、小麦、杂粮粉及其制品 3～5mg/kg。

（5）维生素 B_6。又称吡哆素，大鼠经口 LD_{50} 为 4g/kg。

我国《食品添加剂使用卫生标准》（GB2760—2011）规定：维生素 B_6 可以强化的食品及使用量：调制乳粉（儿童用乳粉和孕产妇用乳粉除外）8～16mg/kg；调制乳粉（仅限儿童用乳粉）1～7mg/kg；调制乳粉（仅限孕产妇用乳粉）4～22mg/kg；即食谷物，包括碾轧燕麦（片）10～25mg/kg；饼干2～5mg/kg；其他焙烤食品 3～15mg/kg。

（6）维生素 B_{12}。又叫钴胺素，注射后偶有过敏反应。

我国《食品添加剂使用卫生标准》（GB2760—2011）规定：维生素 B_{12} 可以强化的食品及使用量：调制乳粉（仅限儿童用乳粉）10～30μg/kg；调制乳粉（仅限孕产妇用乳粉）10～66μg/kg；即食谷物，包括碾轧燕麦（片）5～10μg/kg；果冻 2～6μg/kg；固体饮料 10～66μg/kg；其他焙烤食品 10～70μg/kg。

另外，维生素 C、维生素 E 已在抗氧化剂部分作了介绍，请参考。

2. 矿物质类营养强化剂 矿物质是构成人体组织和维持正常生理功能必需的各种元素的总称，虽然矿物质在人体内的总量不及体重的5％，也不能提供能量，可是它们在体内不能自行合成，必须由外界环境供给，并且在人体组织的生理作用中发挥重要的功能。矿物质可分为常量元素和微量元素两大类。常量元素是指其含量占人体 0.01％以上或膳食摄入量大于100mg/d 的矿物质，有钙、磷、镁、钾、钠、硫、氯 7 种。微量元素是指其含量占人体 0.01％以下或膳食摄入量小于100mg/d 的矿物质，有铁、锌、铜、钴、钼、硒、碘、铬、锰、硅、镍、硼、钒和氟共 14 种。

（1）钙。葡萄糖酸钙、乳酸钙、柠檬酸钙、碳酸钙 ADI 值不作限制性规定。磷酸氢钙，ADI 值为 0～70mg/kg。活性钙，又称为煅烧钙，主要成分是氢氧化钙，属无毒品。

我国《食品添加剂使用卫生标准》（GB2760—2011）规定：钙可以强化的食品及使用量：调味乳 250～1 000mg/kg；调制乳粉（儿童用乳粉除外）3 000～7 200mg/kg；调制乳粉（仅限儿童用乳粉）3 000～6 000mg/kg；干酪和再制干酪2 500～10 000mg/kg；植物油、人造黄油及其类似制品 4 000～8 000mg/kg；冰激凌类、雪糕类 2 400～3 000mg/kg；豆粉、豆浆粉 1 600～8 000mg/kg；大米及其制品、小麦粉及其制品、杂粮粉及其制品、面包1 600～3 200mg/kg；即食谷物，包括碾轧燕麦（片）2 000～7 000mg/kg；西式糕点、饼干 2 670～5 330mg/kg；藕粉 2 400～3 200mg/kg；其他焙烤食品3 000～15 000mg/kg；肉灌肠类 850～1 700mg/kg；肉松类 2 500～5 000mg/kg；肉干类 1 700～2 550mg/kg；脱水蛋制品 190～650mg/kg；醋 6 000～8 000mg/kg；饮料类 160～1 350mg/kg；固体饮料类 2 500～10 000mg/kg；果

冻 600～1 000mg/kg；果蔬汁（肉）饮料（包括发酵型产品）1 000～1 800mg/kg。

（2）锌。硫酸锌、葡萄糖酸锌、氧化锌，美国食品与药品监督管理局将其列为一般公认的安全物质。

我国《食品添加剂使用卫生标准》（GB2760—2011）规定：锌可以强化的食品及使用量。豆粉、豆浆粉 29～55.5mg/kg；大米及其制品、小麦粉及其制品、杂粮粉及其制品、面包 10～40mg/kg；即食谷物，包括碾轧燕麦（片）37.5～112.5mg/kg；西式糕点、饼干 45～80mg/kg；饮料类 3～20mg/kg；固体饮料类 60～180mg/kg；果冻 10～20mg/kg。

（3）铁。硫酸亚铁，ADI 为每千克体重 0～0.8mg（以铁计，FAO/WHO，2001）；乳酸亚铁，ADI 为每千克体重 0.8mg（以铁计，FAO/WHO，2001）；葡萄糖酸亚铁，ADI 不作限制性规定；

我国《食品添加剂使用卫生标准》（GB2760—2011）规定：铁可以强化的食品及使用量：调制乳 10～20mg/kg；调制乳粉（儿童用乳粉和孕产妇用乳粉除外）60～200mg/kg；调制乳粉（仅限儿童用乳粉）25～135mg/kg；调制乳粉（仅限孕产妇用乳粉）50～280mg/kg；豆粉、豆浆粉 46～80mg/kg；大米及其制品、小麦粉及其制品、杂粮粉及其制品、面包 14～26mg/kg；即食谷物，包括碾轧燕麦（片）35～80mg/kg；西式糕点 40～60mg/kg；饼干 40～60mg/kg；除胶基糖果以外的其他糖果 600～1 200mg/kg；其他焙烤食品 50～200mg/kg；酱油 180～260mg/kg；饮料类 10～20mg/kg；固体饮料类 95～220mg/kg；果冻 10～20mg/kg。

（4）硒。亚硒酸钠，有剧毒，口服 1g 即可致死，大鼠经口 LD_{50} 为 7mg/kg。富硒酵母，就是在培养酵母的过程中加入硒元素，酵母生长时吸收利用了硒，使硒与酵母体内的蛋白质和多糖有机结合转化为生物硒。动物试验表明，富硒酵母的毒性大大低于亚硒酸钠，并且无致畸性和致突性。富硒酵母也是迄今为止国内最高效、最安全、营养最均衡的补硒制剂。

我国《食品添加剂使用卫生标准》（GB2760—2011）规定：硒可以强化的食品及使用量。调制乳粉（儿童用乳粉除外）140～280μg/kg；调制乳粉（仅限儿童用乳粉）60～130μg/kg；大米及其制品、小麦粉及其制品、杂粮粉及其制品、面包 140～280μg/kg；饼干 30～110μg/kg；含乳饮料 50～200μg/kg。

（5）碘。碘可以加入食盐中供地方性甲状腺病地区的居民食用，其用量为 20～30mg/kg（以元素碘计），通常使用的多为碘酸钾。碘酸钾，美国 FDA 将其列为一般安全物质。

3. 氨基酸及含氮化合物类营养强化剂 氨基酸是构成蛋白质的基本单位，蛋白质是生物体内重要的活性分子，包括催化新陈代谢的酶。生物体内的各种蛋白质是由 20 种基本氨基酸构成的。人体（或其他脊椎动物）不能合成或合成速度远不适应机体的需要，必须从食物中摄取的氨基酸称为必需氨基酸。对成人来讲必需氨基酸共有八种：赖氨酸、色氨酸、苯丙氨酸、蛋氨酸、苏氨酸、异亮氨酸、亮氨酸、缬氨酸。组氨酸为小儿生长发育期间的必需氨基酸。如果人体缺乏任何一种必需氨基酸，就可导致生理功能异常，影响抗体代谢的正常进行，最后导致疾病。我国人民多以谷物为主食，而谷物缺乏赖氨酸，因此赖氨酸就成了人们最常用的氨基酸类强化剂。

（1）L-盐酸赖氨酸。大鼠经口 LD_{50} 为每千克体重 10.75g，美国 FDA 将其列为一般安全物质。我国《食品添加剂使用卫生标准》（GB2760—2011）规定：L-盐酸赖氨酸可以强化的食品及使用量，大米及其制品、小麦粉及其制品、杂粮粉及其制品、面包 1～2g/kg。

（2）L-赖氨酸天门冬氨酸盐。安全性及应用同 L-盐酸赖氨酸。

（3）牛磺酸。又称 2-氨基乙磺酸，最早由牛黄中分离出来，故得名。牛磺酸作为一种天然成分，未发现有任何毒性。

我国《食品添加剂使用卫生标准》（GB2760—2011）规定：牛磺酸可以强化的食品及使用量，调制乳粉、豆粉、豆浆粉 0.3g/kg；豆浆 0.06～0.1g/kg；含乳饮料 0.1～0.5g/kg；特殊用途饮料 0.1～0.5g/kg；风味饮料 0.4～0.6g/kg；固体饮料类 1.1～1.4mg/kg；果冻 0.3～0.5mg/kg。

（4）二十二碳六烯酸。即 DHA，俗称脑黄金，是人体所必需的一种多不饱和脂肪酸。DHA 安全无毒。我国《食品添加剂使用卫生标准》（GB2760—2011）规定：DHA 可以强化的食品及使用量，调制乳粉（仅限孕产妇乳粉）300～1 000mg/kg；调制乳粉（仅限儿童用乳粉）不小于 15％（占总脂肪酸的百分比）。

（5）γ-亚麻酸：大鼠经口 LD_{50}＞每千克体重 12.0g，小鼠经口 LD_{50}＞每千克体重 20ml。我国《食品添加剂使用卫生标准》（GB2760—2011）规定：γ-亚麻酸可以强化的食品及使用量，调制乳粉、植物油、饮料类 20～50g/kg。

模块三 乳化剂、增稠剂等

一、食品乳化剂

乳化剂是指能改善乳化体中各种构成相之间的表面张力，形成均匀分散体或乳化体的物质。

（1）蔗糖脂肪酸酯：毒性较小，大鼠经口 $LD_{50} > 30g/kg$；ADI 暂定 $0 \sim 20mg/g$（FAO/WHO，1995）。可用于肉制品、鱼糜制品、焙烤食品、饼干、糕点、巧克力、泡泡糖、冰淇淋、炼乳、人造奶油、乳化香精、固体香精、禽、蛋、水果、蔬菜的涂膜保鲜等。

（2）司盘类乳化剂：是山梨醇酐脂肪酸酯的商品名。安全性高，ADI 为 $0 \sim 25mg/g$（FAO/WHO，1994）。可用于调制乳、冰激凌、面包、蛋糕、巧克力、速溶咖啡、可可制品、经表面处理的鲜水果和蔬菜等。

（3）吐温类乳化剂：是聚氧乙烯山梨醇酐脂肪酸酯的商品名，由于脂肪酸的种类不同，而有一系列产品。食品上主要使用吐温 60 和吐温 80，ADI 为 $0 \sim 25mg/g$（FAO/WHO，1994）。可用于调制乳、冷饮食品、豆类制品、面包、月饼、果蔬汁（肉）饮料、植物蛋白饮料等。

（4）单、双甘油脂肪酸酯（油酸、亚油酸、亚麻酸、棕榈酸、山嵛酸、硬脂酸、月桂酸）：安全性高，ADI 值不需规定（FAO/WHO，1994）。可应用于乳脂糖、奶糖、巧克力、冰淇淋、人造奶油等。

二、食品增稠剂

食品增稠剂通常指可以提高食品的黏稠度或形成凝胶，从而改变食品的物理性状，赋予食品黏润、适宜的口感，并兼有乳化、稳定或使呈悬浮状态作用的物质。

（1）羟甲基纤维素钠：安全性高，ADI 值不作限制性规定（FAO/WHO，2001）。我国 GB2760—2011 规定，羟甲基纤维素钠可在各类食品中按生产需要适量使用（GB2760—2011 附表 A.3 所列的食品类别除外）。

（2）琼脂：也叫石花胶、洋菜或洋粉，用藻类的石花菜提取物制成，是一种重要的植物胶，被联合国粮农组织确认为 21 世纪健康食品。可在各类食品中按生产需要适量使用（GB2760—2011 附表 A.3 所列的食品类别除外）。

（3）卡拉胶：可在各类食品中按生产需要适量使用，但 GB2760—2011 附表 A.3 所列的食品类别中的其他糖及糖浆（如红糖、赤砂糖、槭树糖浆）的最大使用量为 $5.0g/kg$；生干面制品的最大使用量为 $8.0g/kg$；婴幼儿配方食品最大使用量为 $0.3g/kg$。ADI 值不作限制性规定（FAO/WHO，2001）。

（4）果胶：ADI 值不需规定（FAO/WHO，1994）。果胶可用作乳化剂、稳定剂、胶凝剂、增稠剂和品质改良剂。可在各类食品中按生产需要适量使用。

（5）海藻胶钠：LD_{50} 大鼠静脉注射每千克体重 100mg。ADI 无须规定（FAO/WHO，1994）。可在各类食品中按生产需要适量使用。

（6）明胶：明胶是由煮过的动物骨头、皮肤和筋腱制成的。明胶可在各类食品中按生产需要适量使用（GB2760—2011 附表 A.3 所列的食品类别除外）。

（7）阿拉伯胶：又称为金合欢胶，是一种天然植物胶，可在各类食品中按生产需要适量使用（GB2760—2011 附表 A.3 所列的食品类别除外）。

三、膨松剂

膨松剂是指在食品加工过程中加入的，能使产品发起形成致密多孔组织，从而使制品膨松、柔软或酥脆的物质。

（1）碳酸氢钠：俗称小苏打，碳酸氢钠在作用后会残留碳酸钠，使用过多会使成品有碱味。钠离子是人体内的正常成分，一般长期摄入碳酸氢钠对人体无害。主要应用在面包、饼干、蛋糕等焙烤食品和油条、油饼等油炸食品及中国馒头等中。

（2）碳酸氢铵：ADI 值无须规定（FAO/WHO，2001）。可在各类食品中按生产需要适量使用（GB2760—2011 附表 A.3 所列的食品类别除外）。

（3）硫酸铝钾：又名明矾、白矾，是含有结晶水的硫酸钾和硫酸铝的复盐。有毒。当明矾被人食用后，基本不能排出体外，它将永远沉积在人体内。其毒副作用主要表现为明矾可以杀死脑细胞，使人提前出现脑萎缩、痴呆等症状，影响人们的智力，对生命影响不大。其作为我国传统使用的食品添加剂在正常使用范围内未显示明显的毒性。我国 GB2760—2011 规定，硫酸铝钾可用于豆类制品、小麦粉及其制品、虾味片、焙烤食品、水产品及其制品、膨化食品中按生产需要适量添加，但要求铝的残留量不超过100mg/kg（干基）。

四、稳定剂和凝固剂的定义

稳定剂和凝固剂是使食品结构稳定或使食品组织结构不变，增强黏性固形物的物质。

（1）葡萄糖酸内酯：又称葡萄糖酸-δ-内酯，LD_{50}兔静脉注射每千克体重7.63g；ADI 无须规定（FAO/WHO，1994）。可用于鱼虾保鲜、香肠（肉肠）、鱼糜制品、葡萄汁、豆制品（豆腐、豆花）等。用它点出的豆腐质地细腻，保水性好，防腐性好，但稍带酸味。

（2）乙二胺四乙酸二钠：简称 EDTA 二钠，低毒，大鼠经口 LD_{50} 为2g/kg。ADI 为每千克体重 0～2.5mg。可用于地瓜果脯、腌渍的蔬菜、蔬菜罐头、坚果与籽粒罐头、八宝粥罐头、果酱、蔬菜泥、饮料等。

（3）硫酸钙：俗称石膏、生石膏，对人体无害，ADI 值无须规定。可用于豆类制品、面包、蛋糕、饼干、腊肠等。

（4）氯化钙：大鼠经口 LD_{50} 为 1g/kg。ADI 值不作特殊规定。氯化钙一般不用于豆腐制作，常作为果蔬硬化剂。

五、食用香料和食用香精

食用香料是指在一定浓度下具有香气或香味，能够用于调配食品用香精，并使食品增香的物质。

食用香精是参照天然食品的香味，由各种食用香料和许可使用的附加物调和而成，用于使食品增香的食品添加剂。

食品香料一般都不直接用于食品，而是调配成食用香精以后再添加到食品中，食品香料和食用香精是原料和产品的关系。

（1）丁香酚：有强烈的丁香香气和温和的辛香香气，也有烟熏香、熏肉样香气。ADI 为每千克体重 0～2.5mg（FAO/WHO，2006）。在食品上应用于配制薄荷、调味品、烟熏、熏肉、辛香型等食品香精。

（2）香兰素：具有甜的、奶油特征的香草香气。ADI 为每千克体重 0～10mg（FAO/WHO，2002）。用于调配香草、巧克力等香型香精。应用于饼干、糕点、糖果，尤其适用于乳制品为主要原料的食品。

（3）苯甲醛：具有苦杏仁、樱桃、坚果香气和焦味。ADI 为每千克体重 0～5mg（FAO/WHO，1994）。用于调配杏仁、樱桃、可可等香精，是杏仁露香精的常用原料。

六、食品消泡剂

食品消泡剂指在食品加工过程中降低表面张力、消除泡沫的物质。

（1）乳化硅油：对人体无毒无害。ADI 为每千克体重 0～15mg。常用于豆制品、饮料、薯片加工工艺和发酵工艺。

（2）高碳醇脂肪酸酯复合物：安全可靠，大鼠经口 $LD_{50} > 15g/kg$。常用于大豆蛋白加工工艺和发酵工艺。

七、水分保持剂

水分保持剂指有助于保持食品中水分而加入的物质。常指用于肉类和水产品加工中增强水分稳定和有较高持水性的磷酸盐类。我国规定许可使用的有：磷酸三钠、六偏磷酸钠、三聚磷酸钠、焦磷酸钠、磷酸二氢钠、磷酸氢二钠、磷酸二氢钙、焦磷酸二氢二钠、磷酸氢二钾、磷酸二氢钾共 10 种。

八、抗结剂

抗结剂又称抗结块剂，是用来防止颗粒或粉状食品聚集结块、保持其松散或自由流动的物质。我国许可使用的抗结剂目前有 5 种：亚铁氰化钾、硅铝酸钠、磷酸三钙、二氧化硅和微晶纤维素。亚铁氰化物的 ADI 值为 $0 \sim 0.025 mg/kg$（按亚铁氰化钠计，FAO/WHO，1994）。其余品种的安全性均很好，ADI 值均无须规定。

九、酶制剂

酶是由动物或植物的可食或非可食部分直接提取，或由传统或通过基因修饰的微生物（包括但不限于细菌、放线菌、真菌菌种）发酵、提取制得，用于食品加工、具有特殊催化功能的生物制品。是生物体中活细胞产生的具有高效催化功能、高度专一性和受控性的一类蛋白质。

我国已批准的有木瓜蛋白酶、α-淀粉酶制剂、精制果胶酶、β-葡萄糖酶等6 种。酶制剂来源于生物，一般地说较为安全，可按生产需要适量使用。

十、面粉处理剂

面粉处理剂是为了促进面粉的增白熟化和提高焙烤制品质量的食品添加剂。

（1）L-半胱氨酸盐酸盐：小鼠经口 LD_{50} 为 $3.46 g/kg$；属一般安全性物质。可用于发酵制品和冷冻米面制品。

（2）碳酸镁：作为面粉处理剂的载体，使微量的面粉处理剂分散均匀。其 ADI 值无须规定（FAO/WHO，2001）。可应用于小麦粉和固体饮料中。

项目七　食品中违法添加的非食用物质

当前，在食品生产经营中违法添加非食用物质和滥用食品添加剂已成为影响食品安全的突出问题。2011 年卫生部网站公布了《食品中可能违法添加的非食用物质和易滥用的食品添加剂品种名单（第五批）》，公布的 151 种食品和饲料中非法添加物名单，包括了 47 种可能在食品中"违法添加的非食用物质"。值得注意的是，"违法添加的非食用物质"都不是食品添加剂，人们往往混淆了食品添加剂和非食用物质的界线，将违法添加非食用物质引起的食品安全事件归结为滥用食品添加剂，加深了对食品添加剂的曲解。下面介绍几种食品安全事件中常见的违法添加的非食用物质。

一、吊白块

吊白块，化学名称为次硫酸氢钠甲醛或甲醛合次硫酸氢钠。基本用途是印染工业用作棉布、人造丝、短纤维织物等的拔染剂和还原剂，生产靛蓝染料、还原染料等。

1. 可能添加的食品　腐竹、粉丝、面粉、竹笋。

2. 非法添加目的　增白、保鲜、增加口感、防腐。

3. 添加危害　吊白块分解时产生甲醛。甲醛与氨基化合物可以发生缩合，与巯基化合物加成，使蛋白质变性。甲醛在体内还可还原为甲醇，对人体的肾、肝、中枢神经、免疫功能、消化系统等均有损害。对人体有明确的致癌性。

二、苏丹红

苏丹红属于化工染色剂，主要是用于石油、机油和其他的一些工业溶剂中，目的是使其增色，也用于鞋、地板等的增光。

1. 可能添加的食品　辣椒粉、辣椒酱、含辣味调味品。

2. 非法添加目的　着色。使陈旧、变质的辣椒看起来颜色鲜红如新鲜状态，且不易褪色。

3. 添加危害　苏丹红的化学成分中含有萘，萘具有偶氮结构，这种化学结构的性质决定了它具有致癌性，对人体的肝脏、肾脏具有明显的毒害作用。

三、三聚氰胺

三聚氰胺，俗称蛋白精，是一种三嗪类含氮杂环有机化合物，属于非蛋白质含蛋化合物。主要用来生产三聚氰胺树脂，用于装饰板、氨基塑料、黏合剂、涂料，以及造纸、纺织、皮革等行业。

1. 可能添加的食品　乳及乳制品。

2. 非法添加目的　蛋白质含量虚高。一般针对乳制品和含乳食品国家标准均有蛋白质含量要求。蛋白质主要由氨基酸组成。蛋白质平均含氮量为16%左右，而三聚氰胺的含氮量为66%左右。部分违法分子为了掩盖产品蛋白质不足的缺陷，以次充好，添加三聚氰胺，使乳品蛋白质含量虚高，造成蛋白质含量的"假达标"。而且三聚氰胺是一种白色结晶粉末，无臭无味，所以掺杂后不易被发现。

3. 添加危害

（1）三聚氰胺在高温下能分解产生剧毒的氰化物气体。

（2）长期摄入三聚氰胺会造成生殖、泌尿系统的损害，膀胱、肾部结石，并可进一步诱发膀胱癌。

四、硼酸、硼砂

硼酸是一种无机酸，用于玻璃、搪瓷、陶瓷、医药、冶金、皮革、染料、农药、肥料、纺织等工业。

硼砂有广泛的用途，可用作清洁剂、化妆品、杀虫剂。

1. 可能添加的食品 腐竹、肉丸、凉粉、凉皮、面条、饺子皮。

2. 非法添加目的 防腐、增加弹性和膨胀。

3. 添加危害 硼砂进入体内后经过胃酸作用转变为硼酸，硼酸可以在人体内蓄积，妨碍消化道内酶的作用，引起食欲减退、消化不良、抑制营养素的吸收，促进脂肪分解，因而使体重减轻，其急性中毒症状为呕吐、腹泻、红斑、循环系统障碍、休克、昏迷等。

五、工业用甲醛

甲醛是一种重要的有机原料，主要用于塑料工业、合成纤维、皮革工业、医药、染料等。

1. 可能添加的食品 血豆腐、海参、鱿鱼等干水产品。

2. 非法添加目的 改善外观和质地。由于甲醛具有凝固蛋白、使蛋白质变性的特点，浸泡过甲醛的水产品表面会显得比较光鲜；组织因蛋白质变性而呈均匀交错的类似橡胶结构，其口感会得到很大的改善。

3. 添加危害 甲醛具有强烈的致癌和促进癌变作用，可引起白血病。

六、工业用火碱

氢氧化钠，俗称火碱，广泛用于工业中，诸如纸浆、纺织品、饮用水、肥皂与洗洁剂等的制作与加工。

1. 可能添加的食品 水发食品、豆制品、果蔬制品、肉制品、生鲜乳。

2. 非法添加目的 改善外观质地。

3. 添加危害

（1）火碱腐蚀性强，人体食用火碱后，受直接损害最大的就是胃肠，易造成消化道灼伤，胃黏膜损伤。

（2）工业火碱中铅、砷、汞等重金属含量较高，这些重金属会对人体的神经系统、消化系统等有严重危害。

七、美术绿

美术绿，外观色泽鲜艳，主要用于生产油漆、涂料、油墨及塑料等工业环保产品，它是一种工业颜料。

1. 可能添加的食品 茶叶。

2. 非法添加目的 着色。

3. 添加危害 茶叶中如果掺入美术绿，铅、铬等重金属严重超标，食用后可对人的中枢神经、肝、肾等器官造成极大损害，并会引发多种病变。

八、溴酸钾

溴酸钾主要用作分析试剂、氧化剂、羊毛漂白处理剂。

1. 可能添加的食品 小麦粉。

2. 非法添加目的 增筋。溴酸钾在面团发酵、醒发及焙烤过程中能够与面筋发生反应，影响面的结构和流变性能，增加面筋的强度和弹性，形成好的面筋网络，从而改善面粉的烘焙效果和口感。

3. 添加危害 食用溴酸钾可引起恶心、呕吐、胃痛等症状，大量接触可导致血压下降，严重者发生肾小管坏死和肝脏损害，可致癌。

九、碱性嫩黄

碱性嫩黄主要用于麻、纸、皮革、草编织品、人造丝等的染色，用于油漆、油墨、涂料及橡胶、塑料着色等。

1. 可能添加的食品 豆制品。

2. 非法添加目的 着色，为改善食品外观。

3. 添加危害 碱性嫩黄可引起结膜炎、皮炎和上呼吸道刺激症状，长期过量食用，将对人体肾脏、肝脏造成损害甚至致癌。

十、水玻璃

硅酸钠俗称泡花碱，是一种水溶性硅酸盐，其水溶液俗称水玻璃，主要用作版纸、木材、焊条、铸造、耐火材料等方面的黏合剂，制皂业的填充料，以及土壤稳定剂、橡胶防水剂。也用于纸张漂白、矿物浮选、合成洗涤剂。

1. 可能添加的食品 面制品

2. 非法添加目的 增加韧性。

3. 添加危害 人食用后会出现恶心、呕吐、头疼等症状，还可能对内脏造成损害。

十一、孔雀石绿

孔雀石绿是有毒的三苯甲烷类化学物，用作丝绸、皮革和纸张的染料，也用作治理鱼类或鱼卵的寄生虫、真菌或细菌感染。

1. 可能添加的食品　鱼类。

2. 非法添加目的　抗感染。

3. 添加危害　孔雀石绿，其具有高毒素、高残留，可致癌。

十二、"毛发水"

头发中含有丰富的蛋白质，通过简单的酸解后就可以提取一定量的蛋白质，制成"毛发水"。所谓"毛发水"酱油就是使用人的毛发为原料酿造的酱油。

1. 可能添加的食品　酱油等。

2. 非法添加目的　掺假。

3. 添加危害　毛发中含有砷、铅等有害物质，对人体的肝、肾、血液系统、生殖系统等有毒副作用，可致癌。

十三、工业用乙酸

工业乙酸，多为化工合成制得，主要用于化学工业及制造业等。

1. 可能添加的食品　食醋。

2. 非法添加目的　勾兑食醋，调节酸度。

3. 添加危害　工业乙酸对人体具有腐蚀性，同时由于其含有很多杂质、重金属和苯类物质，可对人体造成危害。

十四、工业硫黄

工业硫黄主要用于制造染料、农药、火柴、火药、橡胶、人造丝等。

1. 可能添加的食品　白砂糖、龙眼、胡萝卜、蜜饯、银耳、姜、果蔬干制品、水产干制品、干辣椒。

2. 非法添加目的　增白、防腐、催熟。

3. 添加危害

（1）少量的二氧化硫进入机体可以认为是安全无害的，但超量则会对人体健康造成危害。经口摄入二氧化硫的主要毒性表现为胃肠道反应，如恶心、呕吐。此外，可影响钙吸收，促进机体钙流失。

（2）工业硫黄由于含有较多的重金属，例如砷，其对人体的危害尤其严重。

十五、一氧化碳

1. 可能添加的食品　金枪鱼、三文鱼。

2. 非法添加目的　改善色泽。不法商家将水产品分割冷冻后放入充装一氧化碳的塑料袋内，当一氧化碳与肌红蛋白结合后，可使肉色呈现鲜艳的粉红色，即使已腐败变质，颜色也可和新鲜的差不多，提高产品的外观卖相。

3. 添加危害　食用含有一氧化碳的水产品，轻度中毒者出现头痛、头晕呕吐、无力。重度患者昏迷不醒、瞳孔缩小、肌张力增加，频繁抽搐、大小便失禁，甚至死亡。

十六、玫瑰红 B

玫瑰红 B，俗称花粉红，是一种具有鲜桃红色的人工合成色素，主要用于纸张染色，制造油漆、图画等颜料，腈纶、麻、蚕丝等织物以及皮革制品的染色等。

1. 可能添加的食品　调味品。

2. 非法添加目的　着色。

3. 添加危害　人体摄入玫瑰红 B，可引起头痛、咽痛、呕吐、腹痛、四肢酸痛等。玫瑰红 B 在机体内经生物转化，还可形成致癌物。

十七、工业染料

工业染料一般是指在工业生产中用于着色的各种染料，如将纺织品、皮毛制品、木制品以及陶瓷制品上色等。

1. 可能添加的食品　小米、玉米粉、黑米、熟肉制品。

2. 非法添加目的　着色。

3. 添加危害　工业染料都是具有一定毒性的化学品，很多具有高毒性、高残留和致畸、致癌、致突变的危害。

十八、革皮水解物

革皮水解物，就是将破旧皮衣、皮箱、皮鞋以及厂家生产皮包等皮具时剩下的边角料，经过化学处理，水解产生的粉状物。因其氨基酸或者说蛋白含量较高，故人们称之为"皮革水解蛋白"。

1. 可能添加的食品　乳与乳制品、含乳饮料。

2. 非法添加目的　增加蛋白质含量。

3. 添加危害　革皮水解蛋白中存在大量皮革加工过程中使用的一些化学

品残留，例如六价铬、工业染料、有机致癌物等，被人体食用可能导致中毒、关节肿大、关节疏松等疾病。

十九、富马酸二甲酯

富马酸二甲酯，对霉菌有特殊的抑菌效果，常用于皮革、鞋类、纺织品等的生产、储存、运输。

1. 可能添加的食品　糕点。

2. 非法添加目的　防虫防蛀。

3. 添加危害　富马酸二甲酯易水解生成甲醇，腐蚀损害人体肠道、内脏，接触到皮肤后，会引发接触性皮炎，长期食用还会对肝、肾有很大的副作用，尤其对儿童的生长发育造成很大危害。

二十、废弃食用油脂

废弃食用油脂，是指食品生产经营单位在经营过程中产生的不能再食用的动植物油脂，包括油脂使用后产生的不可再食用的油脂、餐饮业废弃油脂，以及含油脂废水经油水分离器或者隔油池分离后产生的不可再食用的油脂。废弃食用油脂可以用来生产工业用生物柴油，但禁止使用到食品中。目前常说的地沟油就属于此。

目前常说的地沟油主要包括 3 类：

（1）将泔水经过简单加工、提炼出的油。

（2）劣质猪肉、猪内脏、猪皮加工提炼出的油。

（3）用于油炸食品使用次数超过一定次数再被重复使用的老油，以及往老油中添加一些新油后重新使用的油。

1. 可能添加的食品　食用油脂。

2. 非法添加目的　掺假。

3. 添加危害

（1）可能产生苯并芘、丙烯酰胺等致癌物质。

（2）原料来源复杂，其毒素、重金属、致病菌等污染物含有情况难以预测。

■ 复习与思考

1. 什么是食品添加剂，它是怎样分类的？

2. 食品添加剂应具备哪些条件？

3. 食品添加剂的使用原则有哪些？

4. 什么是食品防腐剂？常用的食品防腐剂有哪些，其安全性怎样？

5. 什么是食品抗氧化剂，它有什么作用？常用的食品抗氧化剂有哪些，其安全性怎样？

6. 食品着色剂的使用注意事项有哪些？

7. 亚硝酸盐有毒，为什么在肉制品中还要添加？怎样做到添加后不会对人体产生毒害作用？

8. 什么是食品营养强化剂？常用的食品营养强化剂有哪些？

9. 目前，社会上屡次出现食品中添加有害物质对人体产生毒害作用的事件，比如三聚氰胺事件、苏丹红事件、瘦肉精事件……使人们谈食品添加剂而色变。根据已学知识，请你谈一谈你对食品添加剂的看法。

单元四

食品安全选购

学习目标

了解各类食品存在的食品安全卫生问题，以及各类食品的选购常识。

项目一 粮油安全卫生及安全选购

模块一 粮食安全卫生及安全选购

一、粮食的主要安全卫生问题

（一）微生物的污染

粮豆在生长、收获、储藏、运输等过程中容易受到细菌、霉菌、酵母菌等微生物的污染，其中霉菌及其毒素的污染最为常见。当环境温度较高，湿度较大时，霉菌可在粮豆中迅速生长、繁殖，分解其营养成分，有时可产生毒素，引起粮豆发霉变质，营养价值降低，甚至对人体造成危害。

（二）仓储害虫

粮食在仓储期间，当储存温度在18～21℃、相对湿度高于65％以上时，易使仓储害虫在粮豆上孵化虫卵、生长繁殖，使粮豆变质，降低甚至失去食用价值。

（三）有毒植物混入

主要包括一些有毒植物的种子，如麦角、毒麦、麦仙翁籽、槐籽、曼陀罗籽等均是粮豆中可能混杂的有毒植物种子。

（四）其他问题

包括农药污染、无机夹杂物污染（如泥土、沙石和金属屑等）以及掺假。

二、粮豆的安全选购

（一）大米选购常识

1. 大米的特性　大米分为籼米、粳米和糯米三类。

（1）籼米。米粒呈长椭圆形，透明度较差，偏白。籼米黏性低，吸水性强，米粒松散易碎，口感较硬，但容易被人体消化吸收。

（2）粳米。米粒呈椭圆形，透明度高，较光亮，粳米吸水性差，胀性小，口感较柔和。

（3）糯米。又称江米，呈蜡白色，半透明状，口感油腻，黏性较大，不易被人体消化吸收。

2. 大米的质量鉴别

（1）看。优质米无碎米、糠粉、稻谷等杂质，米粒整齐，颗粒大小均匀；挑选大米时还应仔细观察是否有活虫；正常米粒应表面光洁、无裂纹、形状整齐，如果米粒外观太过白亮、光滑则可能是用矿物油上光的。

（2）闻。正常大米没有异香味，应为自然清香，陈米则无味或有陈旧味。辨别大米是否添加香精，可将少许大米放入杯中，加入少量热水，加盖 5min，开盖后如有油腻感，矿物油味或霉味则为劣质米。

（3）触。新鲜大米手抓滑爽，入口油润，黏性好。陈米手抓时不光洁，有糠粉，入口黏性差。用牙咬生米，如有响声则表明水分含量不高；没有响声并粘牙，则表明水分含量超标。

（二）面粉选购常识

鉴别面粉质量，可以看色泽、闻气味、捏水分。

1. 看色泽　面粉的自然色泽为乳白色或略带微黄色，看上去较为细洁；若色泽较深、雪白或亮白，则说明质差或使用增白剂所致。因此购买面粉应选择色泽为乳白色或淡黄色，粒度适中，麸星少的面粉。

2. 闻气味　正常的面粉具有麦香味。若有异味或霉味，均为质量较差的面粉，或遭到外部环境污染，已变质。

3. 捏水分　用手抓一把面粉使劲一捏，松开手后，面粉随之散开的，则水分含量合适。如果面粉抱团不散开则水分超标。

在鉴别面粉质量的同时，购买面粉还应选择正规渠道、知名产品。一般专业知名面粉厂生产的面粉质量较为可靠，而一些小企业、小作坊，由于设备和技术条件差，质量就难以保证。

面粉应保存在避光通风、阴凉干燥处，潮湿和高温都会使面粉变质，面粉在适当的储藏条件下可保存一年，保存不当会出现变质、生虫等现象。

模块二 食用油脂安全卫生及安全选购

食用油脂因原料不同生产工艺也不同。动物脂主要是通过熬炼而得，植物油通常采用压榨法、浸出法或两者结合的方法从油量中分离出初级产品"毛油"。"毛油"还需经脱胶、脱酸、脱色、脱臭、脱蜡等工序才能精炼得到食用油。

一、食用油脂的主要安全卫生问题

（一）油脂加工卫生

在油脂生产加工过程中，植物油存在的卫生问题较动物脂复杂。在采用压榨法时易残留有多余的油料残渣；浸出法则易导致溶剂残留。因此，在油脂加工过程中，首先，应减少动植物残渣的存留和浸出溶剂的残留；其次，应严格控制油脂中所含毒素的检出量，主要包括黄曲霉毒素、棉酚、芥子油甙芥酸等。

在油脂储存过程中，应防止油脂发生酸败。油脂酸败指的是油脂由于含有杂质或在不适宜条件下久藏而发生一系列化学变化和感官性状恶化。油脂酸败会导致油脂营养价值降低，如不饱和脂肪酸、脂溶性维生素遭到破坏，长期食用酸败的油脂会对人体健康造成不良影响。防止油脂酸败通常需注意：保证油脂的纯度；防止油脂自动氧化，注意密封、断氧、遮光储存；在油脂中加入抗氧化剂，维生素E是天然存在于油脂中的抗氧化剂。

在油脂使用过程中应避免高温反复加热，反复加热的油脂不仅其营养成分遭到破坏，并且会造成多环芳烃类化合物含量增高。

（二）油脂的安全选购

1. 食用油的安全选购

（1）看透明度。在日光下观察，优质的食用油应透明而无混浊，光亮度越高越好。

（2）闻气味。不同品种的食油，都有各自的独特气味。可蘸一点油于手心，两手搓至发热后用鼻嗅之。如果有异味，则为劣质油；有哈喇味、酸臭味的，说明已变质。制假者如在纯花生油中掺了棉籽油，可闻出棉籽油气味。

（3）尝滋味。用手指蘸少许食油入口尝一下，优质的食油滋味醇正，并带有油的香味；如有酸、苦、辣、涩、麻等味道，说明是劣质油。

（4）看水分。油中如含水分较多或掺了水，油会混浊，这种油也极易酸败变质。将油倒入一洁净干燥的小玻璃瓶中，盖子拧紧，再上下振荡若干次，观察其中的油状，如有乳白色，则表明油中有水，乳色越浓，含水越多。也可将油放入锅中加热，水分较多的会出现大量的泡沫和发出"吱吱"的声音，并会带有刺辣嗓子的苦味油烟。

2. 香油的安全选购 香油即芝麻油，是以芝麻为原料加工提取的食用植物油。芝麻油具有浓郁的香味，因其价格远高于食用油，市场中香油掺假现象时有发生。消费者在购买芝麻油时可从以下几个方面进行鉴别：

（1）看色泽。纯香油呈淡红色或红中带黄，如掺入其他油，色泽就不同。掺菜籽油呈深黄色，掺棉籽油呈黑红色。对于掺有其他植物油的产品，也可采用水试法：用筷子蘸一滴香油滴到平静的水面上，纯香油会呈现出无色透明的薄薄的大油花，掺假的则会出现较厚、较小的油花。

（2）看透明度。一般质量好的香油透明度好，无混浊。

（3）看有无沉淀物。质量好的无沉淀和悬浮物，黏度小。

（4）看有无分层现象。若有分层则很可能是掺假的混杂油。

项目二　肉类安全卫生及安全选购

模块一　畜肉主要安全卫生及安全选购

一、畜肉的主要安全卫生问题

畜肉食品易受致病菌和寄生虫的污染，导致人体发生食物中毒和寄生虫病。因此，加强畜肉的卫生管理至关重要。

屠宰后的畜肉从新鲜到腐败变质经过僵直、后熟、自溶和腐败四个过程。畜肉处于僵直和后熟阶段为新鲜肉，而自溶则为畜肉腐败变质创造了条件。因此宰后的肉尸应及时降温或冷藏以防止肉尸发生自溶。

畜肉类食品在从生产到食用过程中的操作不适当也会促进肉类腐败变质，如畜肉在屠宰、加工、运输、销售等环节中被微生物污染；烟熏肉制品、腌制肉品等加工不当造成的化学性污染。

畜类的一些疾病对人类有传染性，这类传染病即人畜共患传染病，如炭疽、口蹄疫、囊虫病等。一旦发现畜类感染此类疾病应立即做出相应的处理，以防止对人类造成进一步的危害。

二、畜肉的安全选购

（一）猪肉的安全选购

优质猪肉脂肪洁白，肉的色泽自然鲜红，肌肉弹性好，用手指压皮肉产生的凹陷能立即恢复，气味良好。

（二）牛肉的安全选购

新鲜的黄牛肉色泽暗红，剖面有光泽，结缔组织为白色；新鲜的水牛肉呈深棕红色，纤维粗糙，脂肪较干燥。

（三）羊肉的安全选购

新鲜的绵羊肉，肉质较坚实，颜色红润，纤维组织较细，略有些脂肪夹杂其间，膻味较少；新鲜的山羊肉，肉色比绵羊的肉质厚略白，皮下脂肪和肌肉间脂肪少，膻味较重。

模块二　禽肉主要安全卫生及安全选购

一、禽肉的主要安全卫生问题

禽类的主要卫生问题为微生物污染，禽类在宰杀前发现病禽应及时隔离、急宰，若宰后检验发现并且肉尸应做出相应的无害化处理。

二、禽肉的安全选购

首先，要看外观，新鲜禽肉皮肤有光泽，肌肉切面有光亮；变质的体表无光泽。新鲜的禽肉眼球饱满，角膜有光泽；变质的则眼球干缩凹陷，晶体混浊。其次，可以用手试试弹性和黏度。新鲜禽肉外表微干或微湿润，不粘手，经过指压后凹陷能立即恢复；而变质的外表干燥或者粘手，新切面发黏，手按之后不能恢复原状并留有凹痕。

禽流感病毒在冰冻的肉类中可以存活 300d 左右，因此冰箱、冰柜里长期储藏的家禽肉最好不要食用。

如果是买活禽现场宰杀，需要仔细挑选。一般来说，健康活禽的两翅紧贴身体，羽毛有光泽，较整齐，肛门处绒毛洁净。而两翅下垂，羽毛蓬松粗乱，肛门灰黑色，沾有白色粪便的多是病禽，不要购买。

模块三　鱼肉主要安全卫生及安全选购

一、鱼肉的主要安全卫生问题

鱼肉类蛋白含量高，营养丰富，酶活性高，较肉类更容易发生腐败变质。鱼肉发生腐败变质的过程与畜肉相似，发生自溶的鱼肉由于酶和微生物的作用，鱼体出现腐败，表现为鱼鳞脱落、眼球凹陷、腮呈褐色、腹部膨胀、肛门肛管突出、鱼肌肉碎裂并与鱼骨分离，发生严重腐败变质。另外，当水域被污染时，汞、镉、铅等重金属易在鱼类体内蓄积，鱼类对这些重金属有较强的耐受性，如人类食用了被污染的鱼肉则会引起食物中毒。

二、鱼肉的安全选购

新鲜鱼的眼球饱满凸出，角膜透明清亮，富有弹性。次鲜鱼的眼球不凸出，眼角膜起皱，稍变混浊，有时眼内瘀血发红；新鲜鱼鳃丝清晰呈鲜红色，黏液透明，具有海水鱼的咸腥味或淡水鱼的土腥味，无异臭味。次鲜鱼鳃色变暗呈灰红或灰紫色，黏液轻度腥臭，气味不佳；新鲜鱼体表有透明黏液，鳞片有光泽且与鱼体贴附紧密，不易脱落。次鲜鱼黏液多不透明，鳞片光泽度差且较易脱落，黏液黏腻而浑浊；新鲜鱼肌肉坚实有弹性，指压后凹陷立即消失，无异味，肌肉切面有光泽。次鲜鱼肌肉稍呈松散，指压后凹陷消失得较慢，稍有腥臭味，肌肉切面有光泽；新鲜鱼腹部正常、不膨胀，肛孔白色、凹陷。次鲜鱼腹部膨胀不明显，肛门稍凸出。

项目三　果蔬安全卫生及安全选购

一、果蔬的主要安全卫生问题

蔬菜水果普遍鲜嫩多汁、营养丰富容易滋生细菌，感染虫害，生长过程中极易受到农药、废水、污水等有毒有害物质的污染。蔬菜、水果存在的主要卫生问题有：

（一）细菌及寄生虫污染

蔬菜水果在种植过程中采用粪便施肥、污水灌溉均会导致寄生虫卵和肠道致病菌的污染，生吃则会导致寄生虫病。

（二）农药、工业废水等污染

农药污染为蔬菜水果受到的化学污染中最为严重的方面，检出率在90%以上。有些地区水果蔬菜中镉、铅、汞、酚等超标，主要因为使用未经处理的工业废水灌溉所致。近年来，蔬菜、水果的激素污染逐渐受到重视，人类长期食用被激素催熟的蔬菜、水果会影响正常生长发育。

二、果蔬的安全选购

（一）蔬菜选购

应选生长苗壮、色泽形态正常、大小适中、无异常气味的蔬菜。如有较重的农药味则说明农药污染严重；不长根须的豆芽则考虑使用无根剂（食用有致癌作用）所致；韭菜叶子宽大，则可能在生长过程中使用激素，通常食之无味。另外，蔬菜应选购新鲜的，购买后最好当天食用，以免增加亚硝酸盐的含量。

（二）水果选购

应选购当令水果，不合时令的水果多喷洒激素才能提前或延后采收上市。表皮光滑的水果农药残留较少，而外表不平者则较易附着农药。若水果外表留有药斑或不正常药剂气味者，应避免选购。某些长期储存或进口的水果，常以药剂来延长其储存时间，应减少购买。

项目四　奶类安全卫生及安全选购

一、奶类的主要安全卫生问题

奶类主要包括鲜奶和奶制品。鲜奶主要存在的卫生问题是微生物污染。一次污染即乳在挤出之前受到的微生物污染，当乳畜患乳腺炎、结核等疾病时，其致病菌通过乳腺使奶受到病原菌污染。二次污染即在挤乳过程或乳挤出后被污染，主要来源于乳畜体表、环境、容器、加工设备、运输销售环节等。

奶制品的卫生问题主要是加工过程中受到污染和掺假现象。

二、奶类的安全选购

（一）鲜奶的安全选购

先观察包装是否有胀包，奶液是否是均匀的乳浊液。如发现奶瓶上部出现清液，下层呈豆腐脑沉淀在瓶底，说明奶已变酸、变质；新鲜优质奶液应有鲜美的乳香味，不应有酸味、鱼腥味、饲料味、杂草味、酸败臭味等异常气味；正常鲜美的牛奶滋味是由微微甜味、酸味、咸味和苦味4种滋味融合而成的浑然一体，但不应尝出酸味、咸味、苦味、涩味等异味。

（二）奶粉的安全选购

"一看"：看奶粉包装印刷的图案、文字是否清晰，产品及厂家的信息是否完整。

"二查"：查看奶粉的生产日期和保质期限判断奶粉是否在安全食用期内，并仔细观察保质期和生产日期印刷是否清晰，有无被改过的痕迹。

"三压"：就是挤压一下奶粉的包装，看是否漏气。通常，罐装奶粉密封性能较袋装奶粉好，能有效遏制细菌生长。

"四摇（捏）"：就是通过摇（捏），检查奶粉中是否有结块物。

（三）酸奶的安全选购

首先，仔细查看产品标签，选择较为新鲜的酸奶。其次，食用时应仔细品尝，酸奶是否有酒精发酵味、霉味和其他外来的不良气味。由于酸奶产品保质期较短，且需在 $2\sim6℃$ 下保藏，因此不应选购常温状态下的酸奶。

项目五 罐头制品安全卫生及安全选购

罐头制品包含加工处理后装入金属罐、玻璃瓶或软质材料容器中，经特定工序达到商业无菌的食品。罐头制品的基本生产工序有：装罐、排气、密封、杀菌、冷却、成品检验、包装、入库等。常见罐头制品有畜肉类、禽类、水产类、水果类、蔬菜类和其他类六大类。

一、罐头制品的主要安全卫生问题

罐头制品的卫生问题主要有：原辅料的卫生问题、容器材料的卫生问题、加工过程中的卫生问题、成品的卫生问题。

（一）原辅料的卫生问题

罐头制品的原料，即畜肉、禽肉、水产、水果、蔬菜等辅料有糖、盐、酱油、醋、香辛料、食品添加剂等。罐头制品所使用的所有原辅料都必须符合其自身的卫生标准，不得使用病畜、禽，保证新鲜度，无霉烂、虫害、破损。而辅料中的食品添加剂种类和用量必须符合相应的标准和规定。

（二）容器材料的卫生问题

罐头制品使用的容器主要有金属罐、玻璃罐和复合塑料薄膜。罐头容器所使用材料必须符合无毒、密封好、耐腐蚀、抗机械力等要求。所有容器在食用前必须经严格的清洗、消毒，不得有任何杂质混入。

（三）加工过程中的卫生问题

装罐、排气、密封、杀菌、冷却是罐头制品生产的关键工序，任何一个环节都将直接影响到罐头制品的品质。原辅料在进行装罐时应注意留有适当的顶隙（$6\sim8mm$），装罐后应及时排气，以减少罐内空气和杀菌时产生的压力。通过排气和密封可造成低氧条件，有利于抑制一些需氧微生物的生长繁殖。杀菌为整个生产的关键工序，可杀灭罐内绝大部分微生物并破坏酶活性，使得罐头制品可以长期保存。常用的罐头杀菌方法有：常压杀菌、高温高压杀菌和超高温杀菌三大类。杀菌后尽快冷却罐体，通常采用冷却水冷却和反压冷却的方法。

(四) 成品的卫生问题

罐头制品罐体底盖一端或两端向外鼓起，称为胖听。如果因为罐头制品装罐过满或罐内真空度过低引起的胖听则为物理性胖听，不影响食用；如果罐体穿洞有气体逸出，但无腐败变质的不良气味则为化学性胖听，通常因罐内容物腐蚀罐体金属所致，不宜食用；如果罐头制品有微生物残留或进入，罐体穿洞有气体逸出，有腐败变质的不良气味则属于生物性胖听，此种罐头禁止食用。

二、罐头制品的安全选购

首先，查看配料表，罐装罐头食品通常不含防腐剂；其次，看罐头内容物色泽是否自然，若汤汁和固形物色泽均较亮丽，则可能是食用色素所致；此外还要看罐头食品是否有变形，术语称为胖听、漏听。

项目六　酒类安全卫生及安全选购

一、酒类的主要安全卫生问题

酒类是日常生活中重要的饮品，适量饮酒对人体有一定的保健作用，而酒类的生产工艺复杂，加工过程中若诸环节不达到卫生要求，就有可能产生有害物质，对消费者造成健康隐患。酒类按其生产工艺一般可分为：蒸馏酒、发酵酒、配制酒。酒在生产过程中存在的会对人体造成危害的成分主要是：

(一) 乙醇

乙醇是酒类的主要成分，可提供大量能量。当酒中乙醇含量过量时，会导致机体酒精中毒，出现呕吐、昏迷、呼吸衰竭，甚至死亡。

(二) 甲醇

甲醇来自制酒原料中的果胶，甲醇在体内分解缓慢并有蓄积作用，对机体组织细胞有直接毒害作用，是一种剧烈的神经毒，主要侵害视神经，严重时会导致双目失明。我国规定以谷物为原料的白酒甲醇含量不超过每 100ml 0.04g，以薯干等代用品为原料的不超过每 100ml 0.12g（均以酒精度 60° 计）。

（三）杂醇油

杂醇油是制酒过程中蛋白质和糖类分解产生的多种高级醇的统称。杂醇油在体内分解缓慢，作用时间长，毒性和麻醉力比乙醇强，可使中枢神经系统充血，引起剧烈头痛和醉酒。我国规定蒸馏酒及配制酒杂醇油（以异丁醇和异戊醇计）含量不超过每 100ml 0.20g（以酒精度 60°计）。

二、酒类的安全选购

白酒外观应无色透明，无混浊物、悬浮物等；闻起来有其特有的清香味，不应有刺鼻的异味。

黄酒应清澈透明，香气浓郁，味道甘醇无异味。

啤酒区别于其他酒类的特殊之处即其含有丰富的泡沫，啤酒泡沫应洁白细腻、持久挂杯，有浓郁的酒花香和麦芽香，入口清爽，口味柔和。

葡萄酒外观应澄清透明，有光泽，与果实有相近的颜色；鼻子靠近葡萄酒有发酵的醇香和果实的清香，不应有醋酸的气味；葡萄酒入口醇而不烈、甜而不腻。

项目七　食品安全典型案例分析

一、上海甲肝大爆发事件案例

1. 案情概况　自 1988 年 1 月 19 日起，上海市民中突然发生不明原因的发热、呕吐、厌食、乏力和黄疸等症状的病例，数日内成倍增长，截止到当年的 3 月 18 日，共发生29 230例。根据流行病学调查分析，专家们明确了本次甲型病毒性肝炎暴发是因毛蚶产地的毛蚶受到甲肝病毒严重污染，上海市民缺乏甲肝的免疫屏障，又有生食毛蚶的习惯，最终酿成暴发。在确定了病因后，政府提出针对性防治措施，禁捕、购、销毛蚶；进一步教育市民不生食毛蚶，防止污染水源和食品等，使疫情在 3 个月内得到控制。

2. 危害分析　毛蚶本身较安全，但其所生活水域若遭到污水、粪便污染则会导致其体内富集甲肝病毒；在运输过程中一些非法商家为保持毛蚶的新鲜度，会采用粪水泼喂毛蚶，造成污染；而当地居民在吃毛蚶时习惯将毛蚶在沸水中烫 5~10s，甲肝病毒并未能杀灭，导致其进入消化道，引起食用者感染甲肝。

二、瘦肉精事件案例分析

1. 案情概况　2011 年 3 月，河南省孟州市等地养猪场采用违禁动物药品"瘦肉精"饲养生猪，食用瘦肉精的猪肉颜色鲜亮，瘦肉率高，吸引了广大不喜欢肥腻猪肉的消费者。随后在济源双汇食品有限公司所售冷鲜肉中检出"瘦肉精"，事件曝光后，引起广泛关注。

2. 危害分析　"瘦肉精"是一类动物用药，包括盐酸克仑特罗、莱克多巴胺、沙丁胺醇和硫酸特布他林等，属于肾上腺类神经兴奋剂。把"瘦肉精"添加到饲料中，可以显著增加动物的瘦肉量。国内外的相关科学研究表明，食用含有瘦肉精的肉会对身体产生危害，常见的有恶心、头晕、四肢无力、手颤等中毒症状，特别对心脏病、高血压患者危害更大，长期食用则可能引发恶性肿瘤。

三、牛肉膏事件案例分析

1. 案情概况　2011 年 4 月在安徽查获一种名为"牛肉膏"的添加剂，经过腌制，可让猪肉在 90min 内迅速变身"牛肉"，猪肉冒充牛肉，可以节省大量成本，而食用者在外观上也几乎分辨不出来。业内人士透露，这早已不是什么秘密了，在冷冻食品以及烧烤类食品中，这种牛肉膏早就是造假的手段之一。

2. 危害分析　牛肉膏中所含成分均为食品添加剂，但有限量使用的要求。其在一定安全剂量内食用并无危害，但若违规超量和长期食用，则对人体有危害，甚至可能致癌。

四、汞污染案例

1. 案情概况　1956 年，水俣湾附近发现了一种奇怪的病。这种病症最初出现在猫身上，被称为"猫舞蹈症"。病猫步态不稳，抽搐、麻痹，甚至跳海死去，被称为"自杀猫"。随后不久，此地也发现了患这种病症的人。患者由于脑中枢神经和末梢神经被侵害，轻者口齿不清、步履蹒跚、面部痴呆、手足麻痹、感觉障碍、视觉丧失、震颤、手足变形，重者精神失常，或酣睡，或兴奋，身体弯弓高叫，直至死亡。当时这种病由于病因不明而被叫作"怪病"。这种"怪病"就是日后轰动世界的"水俣病"，后经调查发现，是当地工厂把没有经过任何处理的废水排放到水俣湾中，废水中含有有毒金属"汞"。

2. 危害分析　当地居民每天所食海产品体内含有汞，从而造成居民急性、亚急性和慢性汞中毒。汞中毒的主要表现为神经系统损害的症状，如运动失调、语言障碍、视野缩小、听力障碍等严重者瘫痪、肢体变形甚至死亡。

五、放射性污染案例分析

1. 案情概况　1986年4月26日，切尔诺贝利核电站的第4号核反应堆在进行半烘烤实验中突然发生失火，引起爆炸，造成了灾难性的环境放射性污染，核泄漏事故后产生的放射剂量相当于日本广岛原子弹爆炸产生的放射污染的400倍以上。8t多强辐射物质泄漏，尘埃随风飘散，致使俄罗斯、白俄罗斯和乌克兰许多地区受到核辐射的污染。

1997年，对距离切尔诺贝利核电站约400km处的一所学校的数百名学生进行体检，几乎无一健康例，都患有不同程度的慢性病。

2. 危害分析　核电站泄漏引起局部环境污染，当地居民摄入被放射性物质污染的食品和水，对体内各种组织、器官和细胞产生的低剂量长期内照射效应。对人体免疫系统、生殖系统的损伤和致癌、致畸、致突变作用。

六、"毒大米"案例分析

1. 案情概况　2001年7月底，广东省卫生、公安、工商等部门联合行动，在广州白云区某村三个非法加工大米的仓库查获用过期储备粮加工，含有黄曲霉毒素、矿物油等致癌物质的大米308t。

这些袋装过期大米储存在闷热肮脏的仓库里，大米上爬满虫子、布满虫丝，加工前的原米发黄、发黑、发霉并有刺激的异味。经非法加工漂白抛光后，竟变成了晶莹剔透、闻不出异味的"优质大米"，分装进各种假冒的包装袋里，以每吨2 200～2 700元人民币的价格批发给市内的一些酒楼、集体食堂、粮油经销店，还发货到广东省其他市、县及湖北等地。

这些经非法加工漂白抛光后变得晶莹剔透的霉变大米，后来被媒体称之为"毒大米"。正是这些"毒大米"，使许多广州市民住进了医院；也正是这些"毒大米"，使得一些爱吃米饭的广东人在一段时间内谈"米"色变，不得不改吃面食（引自：http://www.cntv.cn/lm/365/-1/32880.html）。

2. 危害分析　黄曲霉菌是真菌的一种，易在粮豆类农产品上生长繁殖。黄曲霉所产生的黄曲霉毒素是目前已知的化学致癌物中毒性最强的一种，很小剂量就会导致实验动物肝癌、胃癌。流行病学调查发现在粮油、食品受黄曲霉毒素污染严重的地区，人类肝癌发病率也较高。国际癌症研究所将黄曲霉毒素确定为一级人类致癌物。人类误食黄曲霉毒素的急性毒性主要表现为肝细胞变性、坏死、出血以及胆管增生甚至死亡。

七、"毒豆芽"案例分析

1. 案情概况　2011年4月17日，沈阳警方端掉一黑豆芽加工点，老板称这种豆芽"旺季每天可售出2 000斤*"。毒豆芽表面看来都有10多cm长，个别有的近20cm，个头均匀，颜色白净，且绝大多数没有根须，看起来很漂亮。

2. 危害分析　豆芽的生长周期一般是1周，在22～25℃的条件下，500g绿豆8d可以发制4 000g豆芽。然而，一些小贩为了缩短豆芽的生长周期和增加豆芽产量，就加入了无根剂。使用无根剂后，豆芽的产量可以比原产量增加30%，长度可以达到15～20cm。"无根剂"中的6-苄基腺嘌呤是一种广泛使用的添加于植物生长培养基的细胞分裂素，对人体有致畸致癌作用。而根据国家质检总局规定，它将不能作为食品添加剂使用。

八、三鹿奶粉事件

1. 案情概况　2008年中国乳品制造商三鹿集团生产的一批婴幼儿配方奶粉被发现受到化工原料三聚氰胺的污染，导致食用受污染奶粉的婴儿患上肾结石，根据我国官方公布的数字，截至2008年9月21日，因使用婴幼儿奶粉而接受门诊治疗咨询且已康复的婴幼儿累计39 965人，正在住院的有12 892人，此前已治愈出院1 579人，死亡4人。随后，中国质检总局对各品牌婴幼儿奶粉进行三聚氰胺含量检验，事件迅速恶化，国内22个厂家69批次产品中都检出三聚氰胺。

2. 危害分析　三聚氰胺并非食品原料或添加剂，而属工业用品，但在鲜奶中添加三聚氰胺后可提高奶制品的蛋白质含氮检出量，从而达到国家奶制品的蛋白质含量标准。长期或反复误食三聚氰胺则会对人体肾脏造成损害。

九、山西朔州假酒案

1. 案情概况　1998年1月，山西省文水县农民王青华从太原市程广义处购买了2 400kg甲醇，随后和妻子武燕萍在甲醇中加入回收来的酒精，勾兑成散装白酒。他们用34t甲醇加水后勾兑成散装白酒57.5t，出售给山西朔州个体户批发商王晓东、杨万才、刘世春等人。这些人明知道这些散装白酒甲醇含量严重超标（后来经测定，每升含甲醇361g，超过国家标准902倍），但为了牟取暴利，铤而走险，置广大乡亲生命于不顾，1998年春节前后，27人因喝

＊　斤为非法定计量单位，1斤＝500g。——编者注

假酒身亡，200 余人中毒入院接受救治。

2. 危害分析　加工白酒时，在发酵过程中会形成一定量的甲醇，甲醇在人体内蓄积量达到 4～10 g，可使人中毒，甚至失明。工业酒精中含有大量甲醇，一些不法分子为牟取暴利，常用工业酒精或直接以甲醇充当食用酒精兑成白酒销售，导致消费者饮用后造成中毒。

■ 复习与思考

1. 牲畜宰杀后，从新鲜至腐败变质要经（　　）、（　　）、（　　）和（　　）四个过程，其中畜肉处于（　　）和（　　）阶段为新鲜肉。

2. 植物油的提取方法通常采用（　　）、（　　）或两者结合的方法。

3. 罐头制品罐体底盖一端或两端向外鼓起，称为（　　）。

4. 酒类按其生产工艺一般可分为（　　）、（　　）、（　　）。

5. 酒中的甲醇对机体组织细胞有直接毒害作用，是一种剧烈的神经毒，主要侵害（　　）。

单 元 五

食品安全检验基础及检测技术

■■ 学习目标

　　了解食品安全检验的基础知识及检验的有关技术。

　　通过本单元的学习，掌握食品样品采集及预处理的方法，熟悉食品卫生检测有关技术。培养学生严谨、准确的食品卫生检测技术。

项目一　食品卫生检验基础

　　食品卫生监测的样品种类繁多，包括各种动植物原料、辅料、成品、半成品、添加剂等，所要加测的目的、项目也不尽相同。通常，食品卫生检测前都需对所测样品进行采样以及预处理。

模块一　样品的采集

　　样品的采集，即采样。指的是在对食品样品进行检测前，从整批食品中抽取一定比例具有代表性的样品作为检测对象的过程。采样可减少检测工作量，无须检测所有食品，也不会对所有食品造成损坏。

　　（一）采样的目的

　　食品采样的主要目的是为了正确采集样品，用以进行检测，如测定食品的营养成分和卫生质量，包括食品中营养成分的种类、含量和营养价值；食品及其原料、添加剂、设备、容器、包装材料中是否存在有毒有害物质及其种类、性质、来源、含量、危害等。所采集样品的质量代表整批食品的质量，因此采样时必须注意样品的代表性和均匀性。

（二）采样方法

采样通常有两种方法：随机抽样和代表性取样。随机抽样是按照随机的原则，从所要检测的整批食品中抽取出一部分样品。随机抽样时，要求使整批食品或食品的各个部分都有被抽到的机会。代表性取样则是用系统抽样法进行采样，即已经掌握了样品随空间（位置）和时间变化的规律，按照这个规律采集样品，从而使采集到的样品能代表其相应部分的组成和质量，如对整批物料进行分层取样、在生产过程的各个环节取样、定期从货架上采取陈列不同时间的食品的取样等。

1. 固体样品　对于有完整包装的均匀固体食品采用双套回转取样管上、中、下三层取出三份检样，综合检样成为原始样品；无完整包装的均匀固体食品则划分若干等体积层，每层的四角和中心点取得检样（图 5-1）。

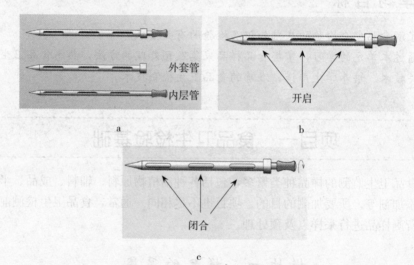

图 5-1　双套回转取样管组装与原理
a. 双套回转取样管的组装　b. 双套回转取样管开启状态　c. 双套回转取样管闭合状态

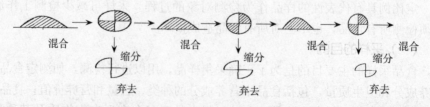

图 5-2　四分法平均样品

2. 液体取样　开启液体食品包装充分混匀后再采样，可用虹吸法分层取样，或者用简单的玻璃管分层取样。如散装油脂的取样，按散装油高度，等距离分为上、中、下三层，然后混合分取缩减到所需数量的平均样品。

3. 小包装食品取样　将内容物连同包装一起取样，应根据批号随机取样，同一批号取样件数，250g 以上的包装不得少于 6 个，250g 以下的包装不得少于 10 个，一般按班次或批号连同包装一起采样。

模块二　样品的制备、保存及预处理

一、样品的制备

样品的制备是指对所得样品进行分取、粉碎、混匀等过程，以保证受检样品的均匀性和代表性。对于液体、浆体类样品，通常采用搅拌器充分混匀搅拌；固体类样品则需切分、捣碎、研磨，使其尽量混合均匀。

二、样品的保存

制备好的样品保存原则是低温、干燥、密封、避光，不同样品根据其具体情况选择合适的保存条件。

三、样品的预处理

样品预处理又称样品前处理，是指食品成分复杂，在检测过程中，一些成分或因素会对被测成分造成干扰，因此需在检测前对样品进行处理，这个过程即样品预处理。样品预处理常用方法有：有机物破坏法（消化法）、蒸馏法、溶剂提取法、盐析法、化学分离法、色谱分离法、浓缩法等。

项目二　食品卫生检测技术

模块一　食品中亚硝酸盐含量的测定

一、原理

食品中加入的亚硝酸盐产生的亚硝基与肌红蛋白反应，生产色泽鲜红的亚硝基肌红蛋白，使肉制品有美观的颜色。同时亚硝酸盐也是一种防腐剂，可抑制微生物的增殖。但由于人体大量摄入亚硝酸盐或长期过量摄入亚硝酸盐会造成急、慢性中毒。因此，亚硝酸盐的使用量及在制品中的残留量均应按标准执行亚硝酸盐在酸性条件下能与对氨基苯磺酸发生重氮化反应，生成重氮盐；其又可与盐酸萘乙二胺发生偶联反应，生成紫红色染料，在 538 nm 波长下测定其吸光度与标准比较定量。

二、仪器、材料与试剂

（1）721 型分光光度计、天秤、小型绞肉机。

（2）检测原料：腊肠、腌菜。

（3）试剂：

①亚铁氰化钾溶液（106g/L）。称取 106.0g 亚铁氰化钾，用水溶解，并稀释至 1 000ml。

②乙酸锌溶液（220g/L）。称取 220.0g 乙酸锌，先加 30ml 冰醋酸溶解，用水稀释至 1 000ml。

③饱和硼砂溶液（50g/L）。称取 5.0g 硼酸钠，溶于 100ml 热水中，冷却后备用。

④对氨基苯磺酸溶液（4g/L）。称取 0.4g 对氨基苯磺酸，溶于 100ml 20%（V/V）盐酸中，置棕色瓶中混匀，避光保存。

⑤盐酸萘乙二胺溶液（2g/L）。称取 0.2g 盐酸萘乙二胺，溶于 100ml 水中，混匀后，置棕色瓶中，避光保存。

⑥亚硝酸钠标准溶液（200μg/ml）。准确称取 0.100 0g 于 110～120℃干燥至恒重的亚硝酸钠，加水溶解移入 500ml 容量瓶中，加水稀释至刻度，混匀。

⑦亚硝酸钠标准使用液（5.0μg/ml）。临用前，吸取亚硝酸钠标准溶液 5.0ml 置于 200ml 容量瓶中，加水稀释至刻度。

三、操作方法

（一）样品预处理

称取 5g（精确至 0.01g）经绞碎混匀的样品，置于 50ml 烧杯中，加 12.5ml 饱和硼砂溶液，搅拌均匀，用 70℃左右的水约 300ml 将试样洗入 500ml 容量瓶中，于沸水浴中加热 15min，取出置冷水浴中冷却，并放置至室温。一边振荡上述提取液一边加入 5ml 亚铁氰化钾溶液，摇匀，再加入 5ml 乙酸锌溶液，以沉淀蛋白质。加水至刻度，摇匀，放置 30min，除去上层脂肪，上清液用滤纸过滤，弃去初滤液 30ml，滤液备用。

（二）测定

吸取 40.0ml 上述滤液于 50ml 具塞比色管中，另吸取 0.00ml、0.20ml、

0.40ml、0.60ml、0.80ml、1.00ml、1.50ml、2.00ml、2.50ml 亚硝酸钠标准使用液（相当于 0.0、1.0、2.0、3.0、4.0、5.0、7.5、10.0、12.5μg/ml 亚硝酸钠），分别置于 50ml 具塞比色管中。向标准管和样品管中分别加入 2ml 对氨基苯磺酸溶液，混匀，静置 3～5min 后各加入 1ml 盐酸萘乙二胺溶液，加水至刻度，混匀，静置 15min，用 2cm 比色杯，以零管调节零点，于 538nm 波长处测吸光度，绘制标准曲线并比较定量。同时做试剂空白试验。

四、结果计算

亚硝酸盐（以亚硝酸钠计）的含量按下式计算：

$$W = \frac{m_1 \times V_1}{m_0 \times V_2 \times 1\,000}$$

式中：

W——样品中亚硝酸盐的含量（g/kg）；

m_0——样品质量（g）；

m_1——测定用样液中亚硝酸盐的质量（μg）；

V_1——样品处理液总体积（ml）；

V_2——测定用样液体积，单位为毫升（ml）。

五、注意事项

（1）饱和硼砂的作用是提取亚硝酸盐和沉淀蛋白质。

（2）当亚硝酸盐含量较高时，过量的亚硝酸盐可将偶氮化合物氧化变成黄色。此时可先加试剂，再滴加样品溶液，避免亚硝酸盐过量。

模块二　白酒中甲醇含量的测定

一、原理

酒中所含甲醇在酸性条件下，被高锰酸钾氧化生成甲醛，过量的高锰酸钾以及在反应中产生的二氧化锰用草酸—硫酸溶液除去。甲醛与无色的品红亚硫酸作用，生成蓝紫色的醌型色素，呈色的深浅与甲醛含量成正比关系。

二、仪器与试剂

（一）仪器与设备

723 型分光光度计、恒温水浴锅。

（二）试剂

（1）高锰酸钾—磷酸溶液。称取 3g 高锰酸钾，加入 15ml 85％磷酸溶液及 70ml 水的混合液中，待高锰酸钾溶解后用水定容至 100ml，储于棕色瓶中备用。

（2）草酸—硫酸溶液。称取 5g 无水草酸（$H_2C_2O_4$），溶于 1∶1 硫酸中，并用 1∶1 硫酸定容至 100ml，储于棕色瓶中备用。

（3）品红亚硫酸溶液。称取 0.1g 研细的碱性品红，分次加入 80℃水共 60ml，边加水边研磨使其溶解，待其充分溶解后滤于 100ml 容量瓶中，冷却后加 10ml 10％亚硫酸钠溶液，1ml 盐酸，再加水至刻度，充分混匀，放置过夜。如溶液有颜色，可加少量活性炭搅拌后过滤，储于棕色瓶中，置暗处保存，溶液呈红色时应弃去重新配制。

（4）甲醇标准溶液。准确称取 1.000g 甲醇（相当于 1.27ml）置于预先装有少量蒸馏水的 100ml 容量瓶中，加水稀释至刻度，混匀。此溶液每毫升相当于 10mg 甲醇，置低温保存。

（5）甲醇标准应用液。吸取 10.0ml 甲醇标准溶液置于 100ml 容量瓶中，加水稀释至刻度，混匀，此溶液每毫升相当于 1mg 甲醇。

（6）无甲醇无甲醛的乙醇制备。取 300ml 无水乙醇，加高锰酸钾少许，振摇后放置 24h，蒸馏，最初和最后的 1/10 蒸馏液弃去，收集中间的蒸馏部分即可。

（7）10％亚硫酸钠溶液。

三、操作方法

（1）根据待测白酒中含乙醇多少适当取样（含乙醇 30％取 1.0ml；40％取 0.8ml；50％取 0.6ml；60％取 0.5ml）于 25ml 具塞比色管中。

（2）精确吸取 0.0、0.20、0.40、0.60、0.80、1.00ml 甲醇标准应用液（相当于 0、0.2、0.4、0.6、0.8、1.0mg 甲醇）分别置于 10ml 具塞比色管中，各加入 0.5ml 60％的无甲醇无甲醛的乙醇溶液。

（3）于样品管及标准管中各加水至 5ml，再各管加入 2ml 高锰酸钾—磷酸溶液，混匀，放置 10min，再依次加入 2ml 草酸—硫酸溶液，混匀使溶液褪色。

（4）各管再加入 5ml 品红亚硫酸溶液，混匀，于 20℃以上静置 30min，置于 2cm 比色杯，以 0 管调零点，于 590nm 波长处测吸光度，与标准曲线比较定量。

四、结果计算

$$W = \frac{m}{V \times 1\,000} \times 100$$

式中：

W——样品中甲醇的含量（g/100ml）；

m——测定样品中甲醇的含量（mg）；

V——样品体积（ml）。

五、注意事项

（1）必须按操作掌握时间，不能提早比色。否则其他产生干扰的醛类所形成的有色物质没有足够的时间褪色，而掩盖甲醛的真正的含量。

（2）样品中如含有氧化后能生成甲醛的物质，如果胶，则会影响测量结果，故可重蒸馏后测定。

模块三　面粉掺杂检测

一、原理

当面粉中混有沙石粉等矿物成分时，其灰分含量会显著增高，因此通过测定样品中的灰分含量，可以判定样品中是否掺有滑石粉等成分。

二、仪器与试剂

马弗炉、干燥器、坩埚。

三、操作方法

（1）取坩埚于高温炉中，在 600℃灼烧 30min，冷却到 200℃以下时，放入干燥器内，精密称量。

（2）取样品 2~3g，放入坩埚内，精确称重。

（3）在电炉上加热，使样品充分炭化至无烟，然后放入高温炉中灼烧 2~4h，使灰分呈白色为止。冷却到 200℃以下，放入干燥器内 30min 后精密称重，再重复灼烧称重。两次称重之差不超过 0.5mg 认为恒重。

四、结果计算

$$W = \frac{m_1 - m_2}{m_3 - m_2} \times 100$$

式中：

W——样品中灰分的含量（%）；

m_1——坩埚和灰分总重量（g）；

m_2——坩埚重量（g）；

m_3——坩埚和样品重量（g）。

五、注意事项

正常面粉的灰分含量小于 1.1%；在 1.5%～2.0% 为可疑；大于 2% 为掺有无机矿物质。

模块四　牛奶掺假检测

一、牛奶掺水的鉴别检验

（一）感官检验

正常牛乳呈乳白色或稍带黄色，无沉淀、凝块、杂质，具有其特有的香味。牛奶掺水后，香味降低，不易挂杯，奶液稀薄。滴于玻璃片上，乳滴易流散，不成形。

（二）阿贝折光仪法

1. 原理　阿贝折光仪法是通过检测牛乳的折射率来判断牛乳的纯度。正常牛乳的折射率一般在 26～27℃ 为 1.343，低于此值则可认为掺水。

2. 仪器与试剂　阿贝折光仪、恒温水浴箱、250g/L 醋酸溶液。

3. 操作方法

（1）取 100ml 样品于洁净的烧杯中，加入 2ml 250g/L 醋酸溶液，用玻璃棒搅匀，在 70℃ 水浴箱中保温 20min，待蛋白质凝固后置于冰水中冷却 10min，滤纸过滤，滤液备用。

（2）校正好折光仪后滴加 1～2 滴滤液于下面棱镜上，有目镜观察，转动棱镜旋钮，使视野分成明、暗两部分，旋动补偿器旋钮，使明暗分界线在十字交叉点，在刻度尺上读数。

二、牛奶酸度的测定

（一）原理

由于细菌分解牛奶中乳糖产生的乳酸会导致牛奶酸度增加，故常以酸度来断定乳的新鲜程度。通常采用滴定法进行检测，牛乳酸度以 °T（Thornlr 酸度）表示，即指中和 100ml 牛乳中的酸所消耗 0.1mol/L 氢氧化钠溶液的毫升数。

（二）仪器及试剂

（1）碱式滴定管、250ml 锥形瓶、吸管。

（2）1％酚酞指示剂、0.1mol/L NaOH 标准溶液。

（三）操作方法

用移液管精确吸取 10ml 待检乳于 250ml 锥形瓶中，加入 20ml 新煮沸过又冷却的蒸馏水和 2～3 滴酚酞指示剂，摇匀后，用标准氢氧化钠溶液滴定至酚酞刚显粉红色，并在 1min 内不褪色，记下所消耗的 NaOH 溶液体积。

重复测定 1 次。两次滴定之差不得大于 0.05ml，否则需要重复滴定。取 2 次所消耗的 NaOH 溶液体积的平均值 V。

（四）结果计算

按下式计算样品牛奶的酸度：

$$°T = \frac{C}{0.1} \times V \times 10 = C \times V$$

式中：

C——实际测定中所用的氢氧化钠溶液的浓度（mol/L）；

V——2 次所消耗的氢氧化钠溶液体积的平均值（ml）。

若测定的酸度小于 16°T，可认为牛乳掺有中和剂（如碳酸钠），或者是乳腺炎乳；若在 16～18°T，可认为是正常新鲜乳；若大于 20°T，则为陈旧已发酵乳。

三、牛奶中过氧化酶检查

牛奶加热至 60～70℃时，过氧化酶部分破坏，加热至 80℃以上时大部分被破坏，煮沸时则全部被破坏，故通过检测过氧化酶可知其消毒程度。

（一）原理

过氧化酶与过氧化氢反应可产生原子状态的氧，所产生氧可使碘化钾被氧化放出碘，碘遇淀粉则呈蓝色，若奶中部分氧化酶破坏则呈淡蓝色；若过氧化酶全部破坏，则反应为阴性（无色）。

（二）仪器及试剂

（1）试管、10ml 量筒。

（2）2％过氧化氢溶液、碘化钾淀粉溶液：取淀粉 3g 于 10ml 蒸馏水中，不断搅拌加入沸水到 100ml 为止，冷却，再加入碘化钾 3g 混匀，此溶液应新鲜配制。

（三）操作步骤

（1）用量筒取生奶、煮沸奶各约 2ml，分别放入 2 支试管中。

（2）每管加入 3 滴新鲜碘化钾淀粉溶液，混匀。

（3）加入 1 滴 2％过氧化氢溶液再混匀，在 1min 内观察有无蓝色产生。

模块五 肉中挥发性盐基氮的测定

一、原理

挥发性盐基氮（TVBN）指动物性食品由于酶和细菌的作用，使蛋白质分解而产生氨以及胺类等碱性含氮物质。此类物质具有挥发性，在碱性溶液中蒸出后，用标准酸溶液滴定计算含量。

二、试剂与仪器

（一）试剂

（1）氧化镁混悬液（10g/L）称取10.0g氧化镁，加1 000ml水，振摇成混悬液。

（2）硼酸吸收液（20g/L）称取10.0g硼酸，加500ml水。

（3）盐酸（0.01mol/L）的标准滴定溶液。

（4）溴甲酚绿—甲基红指示液。

溶液Ⅰ：溴甲酚绿—乙醇指示剂（1g/L）：称取0.1g溴甲酚绿，溶于乙醇（95%），用乙醇（95%）稀释至100ml。

溶液Ⅱ：甲基红—乙醇指示剂（2g/L）：称取0.1g甲基红，溶于乙醇（95%），用乙醇（95%）稀释至100ml；取50ml溶液Ⅰ，10ml溶液Ⅱ，混匀。

（5）蒸馏水。

（二）仪器与设备

半微量定氮仪、绞肉机、摇床、消化管等。

三、操作方法

1. 样品处理 将试样除去脂肪、骨及腱后，绞碎搅匀。称取约10.0g于锥形瓶中，加100ml蒸馏水，使用保鲜膜将锥形瓶瓶口封住，置于摇床上振摇30min后过滤，取滤液备用。

2. 蒸馏 将盛有10ml吸收液及5~6滴混合指示剂的锥形瓶置于冷凝管下端并使其下端浸没入吸收液的液面下；依次准确吸取5.0ml氧化镁混悬液和5.0ml上述试样滤液于消化管中，迅速置于通入蒸汽进行蒸馏，计时3min取下锥形瓶，使冷凝管下端离开吸收液液面，再计时30s，使用蒸馏水稍清洗冷凝管下端。

3. 滴定 吸收液用盐酸标准滴定溶液滴定，观察指示剂变色情况，记录盐酸体积。

4. 试剂空白试验　注意要求先做空白试验。

5. 参考标准　一级鲜度≤每 100g 15mg，二级鲜度≤每 100g 20mg，变质肉＞每 100g 20mg。

四、结果计算

试样中挥发性盐基氮的含量按下式进行计算：

$$X = \frac{(V_1 - V_2) \times c \times 14}{m \times \frac{5}{100}} \times 100$$

式中：

X——试样中挥发性盐基氮的含量（mg/100g）；

V_1——测定用样液消耗盐酸标准溶液体积（ml）；

V_2——试剂空白消耗盐酸标准溶液体积（ml）；

c——盐酸标准溶液的实际浓度（mol/L）；

14——与 1.00ml 盐酸标准滴定溶液 [c（HCl）＝1.000mol/L] 相当的氮的质量（mg）；

m——试样质量（g）。

模块六　蜂蜜掺假检测

一、原理

蔗糖在稀酸作用下可转化为含葡萄糖和果糖的糖浆，即转化糖浆或果葡糖浆。掺有人工转化糖浆的蜂蜜稀薄、黏度小，波美度大，可通过检测 Cl^- 的存在予以判别。

蜂蜜中如掺有米汤、糊精及淀粉类物质，外观混浊不透明，蜜味淡薄，用水稀释后溶液混浊不清。

二、感官检验

1. 色泽　每一种蜂蜜都有其特有的色泽，但均应透明度好，无浑浊。

2. 味道　质量好的蜂蜜有花香味，而掺假的蜂蜜则无花香，有些有异味。

3. 性状　质量好的蜂蜜可拉起柔韧的长丝，断后会形成下粗上细的塔状并逐渐消失；劣质蜂蜜挑起后呈糊状并自然下沉，无塔状形成。

4. 结晶　质量好的蜂蜜结晶呈黄白色，细腻、柔软；假蜜结晶粗糙、透明。

三、理化检验

（一）掺饴糖检验

取蜂蜜 2ml 于试管中，加水 5ml，混匀，然后缓缓滴加 95％乙醇数滴，观察有无白色絮状物产生。若出现白色絮状物疑为掺加饴糖，若呈混浊状则说明正常（与正常蜂蜜对比）。

（二）掺人工转化糖浆检验

取 1g 蜜样于试管中，加水 5ml 混匀后，加 1～2 滴 5％ $AgNO_3$ 指示剂，如呈白絮状，疑掺有人工转化糖（与正常蜂蜜对照）。

（三）掺淀粉、糊精检验

取蜂蜜 2g 于试管中，加水 10ml，加热至沸后冷却，加 0.1mol/L 碘液 2 滴，观察颜色变化，同时做正常蜂蜜对比试验。如有蓝色、蓝紫色或红色出现，疑为掺有淀粉或糊精类物质。

主要参考文献

杜苏英.2009.食品分析与检验［M］.北京：高等教育出版社.

高雪丽.2013.食品添加剂［M］.北京：中国科学技术出版社.

高彦祥.2012.食品添加剂基础［M］.北京：中国轻工业出版社.

高仰山.2004.食品安全重在治本［J］.中国保健营养（7）.

楼明.2011.食品卫生与安全［M］.北京：浙江工商大学出版社.

沈东升，王静，冯欢.2010.食品安全百问百答［M］.北京：浙江工商大学出版社.

孙长颢.2007.营养与食品卫生学［M］.北京：人民卫生出版社.

汤高奇，曹斌.2010.食品添加剂［M］.北京：中国农业大学出版社.

王傅维.2012.食品安全导论［M］.北京：北京师范大学出版集团.

吴澎，王明林.2004.我国食品安全存在的问题及应对策略［J］.中国食物与营养（4）：
    17-18.

向晓冬，赵兵，简桂兰.2006.我国食品安全现状及对策探讨［J］.中国卫生法制，14
    （2）：12-13.

杨文忠.2012.食品安全一本通［M］.北京：中国工商出版社.

张奇志，邓欢英.2006.我国食品安全现状及对策措施［J］.中国食物与营养（5）：10-13.

朱珠.2010.食品安全与卫生检测［M］.北京：高等教育出版社.

邹蓉.2005.树立辩证的食品质量安全观［N］.中国食品质量报.

图书在版编目（CIP）数据

食品安全与检验技术/杨翠峰主编 . —北京：中
国农业出版社，2014.7
新型职业农民培养系列教材
ISBN 978-7-109-19358-1

Ⅰ.①食… Ⅱ.①杨… Ⅲ.①食品检验－技术培训－
教材 Ⅳ.①TS207.3

中国版本图书馆 CIP 数据核字（2014）第 144999 号

中国农业出版社出版
（北京市朝阳区麦子店街 18 号楼）
（邮政编码 100125）
责任编辑 舒 薇

北京通州皇家印刷厂印刷 新华书店北京发行所发行
2015 年 12 月第 1 版 2015 年 12 月北京第 1 次印刷

开本：720mm×960mm 1/16 印张：8.25
字数：138 千字
定价：20.00 元
（凡本版图书出现印刷、装订错误，请向出版社发行部调换）